Дорогой Наталье
Серафимовне
на память о совместной
работе

RUSSIAN ACADEMY OF SCIENCES
FAR EASTERN BRANCH

V.I. Il'ichev Pacific Oceanological Institute

V.V. Melnikov

GUIDE ON IDENTIFY OF MARINE MAMMAL SPECIES OF PACIFIC WATERS OF RUSSIA

Vladivostok
Dalnauka
2001

РОССИЙСКАЯ АКАДЕМИЯ НАУК
ДАЛЬНЕВОСТОЧНОЕ ОТДЕЛЕНИЕ
Тихоокеанский океанологический институт им. В.И. Ильичева

В.В. Мельников

ПОЛЕВОЙ ОПРЕДЕЛИТЕЛЬ ВИДОВ МОРСКИХ МЛЕКОПИТАЮЩИХ ДЛЯ ТИХООКЕАНСКИХ ВОД РОССИИ

Владивосток
Дальнаука
2001

УДК 599.745-15

Мельников В.В. **Полевой определитель видов морских млекопитающих для тихоокеанских вод России.** Владивосток: Дальнаука, 2001. 110 с. ISBN 5-8044-0202-1.

В определителе дано описание отличительных внешних признаков видов морских млекопитающих, особенностей их поведения в естественных условиях. Видовые очерки иллюстрированы рисункками внешнего облика морских млекопитающих, их силуэтов на поверхности воды, картами распределения видов. Определитель позволяет опознать морских млекопитающих в море и ориентирован на неподготовленного наблюдателя.

Для биологов, зоологов, студентов, натуралистов, моряков.

Ил. 105, библ. 13.

Ключевые слова: китообразные, ластоногие, определение видов, силуэты на воде.

Melnikov V.V. **Guide on identify of marine mammal species of pacific waters of Russia** / Pacific Oceanological Institute. Vladivostok: Dalnauka, 2001. 110 p. ISBN 5-8044-0202-1.

The guide contents the description of distinctive attributes, behavior and distribution for identify of the Marine Mammals in the marine conditions. Topics of species are illustrated by maps of distribution of marine mammals, illustration of external form and silhouette profiles on the surface of the sea. The guide facilitates identify of marine mammals in the sea and oriented for not training of the observers.

For biologist, zoologist, students, naturalists, sailors.

Il. 105, bibl. 13.

Key words: cetacean, pinnipedia, identify species, profiles on the surface.

Ответственный редактор д.б.н. В.А. Костенко
Рецензент д.б.н. Е.И. Соболевский

Утверждено к печати Ученым советом ТОИ ДВО РАН

ISBN 5-8044-0202-1

ОГЛАВЛЕНИЕ

Предисловие.. 9

Введение.. 10

ОТРЯД КИТООБРАЗНЫЕ: КИТЫ, ДЕЛЬФИНЫ И МОРСКИЕ СВИНЬИ.. 15

Характеристика отряда китообразных.. 17

ГРЕНЛАНДСКИЙ, ИЛИ ПОЛЯРНЫЙ, КИТ (*Balaena mysticetes),* сем. *Balaenidae* 22

ЮЖНЫЙ (ЯПОНСКИЙ) ГЛАДКИЙ КИТ *(Eubalana glacialis*), сем. *Balaenidae* 25

ГОЛУБОЙ КИТ, ИЛИ БЛЮВАЛ (*Balaenoptera musculus),* сем. *Balaenopteridae* 28

ФИНВАЛ (*Balaenoptera physalus),* сем. *Balaenopteridae* 31

СЕЙВАЛ (*Balaenoptera borealis*), сем. *Balaenopteridae* 34

МАЛЫЙ ПОЛОСАТИК, ИЛИ КИТ МИНКЕ (*Balaenoptera acutorostrata*), сем. *Balaenopteridae* 36

ГОРБАЧ (*Megaptera novaeangliae),* сем. *Balaenopteridae* 38

СЕРЫЙ КИТ (*Eschrichtius robustus),* сем. *Eschrichtidae* 41

КАШАЛОТ (*Physeter macrocephalus),* сем. *Phiseteridae* 44

СЕВЕРНЫЙ ПЛАВУН (*Berardius bairdii),* сем. *Ziphiidae* 47

КЛЮВОРЫЛ (*Ziphius cavirostris*), сем. *Ziphidae* 49

КОМАНДОРСКИЙ РЕМНЕЗУБ *(Mesoplodon stejnegeri*), сем. *Ziphidae* 51

БЕЛУХА (*Delphinapterus leucas*), сем. *Monodontidae* 53

НАРВАЛ (*Monodon monoceros*), сем. *Monodontidae*.................................... 55

КАСАТКА (*Orcinus orca),* сем. *Delphinidae* 57

ТИХООКЕАНСКИЙ БЕЛОБОКИЙ ДЕЛЬФИН (*Lagenorhynchus obliquidens),* сем. *Delphinidae* 59

СЕРЫЙ ДЕЛЬФИН (*Grampus griseus)*, сем. *Delphinidae* 61

АФАЛИНА (*Tursiops truncatus)*, сем. *Delphinidae* 63

ОБЫКНОВЕННЫЙ ДЕЛЬФИН, или ДЕЛЬФИН БЕЛОБОЧКА (*Delphinus delphis),* сем. *Delphinidae*.................................... 65

ПОЛОСАТЫЙ ПРОДЕЛЬФИН (*Stenella coeruleoalba*), сем. *Delphinidae* 67

ТИХООКЕАНСКАЯ ГРИНДА (*Globicephala melaena),* сем. *Delphinidae* 69

СЕВЕРНЫЙ КИТОВИДНЫЙ ДЕЛЬФИН (*Lissodelphis borealis),* сем. *Delphinidae* 71

МОРСКАЯ СВИНЬЯ (*Phocaena phocaena),* сем. *Phocoenidae* 73

БЕЛОКРЫЛАЯ МОРСКАЯ СВИНЬЯ (*Phocoenoides dalli),* сем. *Phocoenidae* 75

ОТРЯД ЛАСТОНОГИХ.................................... 77

Характеристика отряда ластоногих.................................... 79

ТИХООКЕАНСКИЙ МОРЖ (*Odobenus rosmarus)*, сем. *Odobenida* 82

СИВУЧ (*Eumetopias jubatus)*, сем. *Otariidae* 85
СЕВЕРНЫЙ МОРСКОЙ КОТИК (*Callorhinus ursinus)*, сем. *Otariidae* 88
ЛАХТАК, ИЛИ МОРСКОЙ ЗАЯЦ (*Erignatus barbatus)*, сем. *Phocidae* 91
КРЫЛАТКА (*Phoca fasciata*), сем. *Phocidae* 94
ЛАРГА (*Phoca vitulina largha*), сем. *Phocidae* 97
ОБЫКНОВЕННЫЙ ТЮЛЕНЬ, ОСТРОВНОЙ, АНТУР (*Phoca vitulina)*, сем. *Phocidae* 100
АКИБА, ИЛИ КОЛЬЧАТАЯ НЕРПА (*Pusa phispida*), сем. *Phocidae* 102
КАЛАН, ИЛИ МОРСКАЯ ВЫДРА (*Enhidra lutris)*, сем. *Mustelidae* 105

Заключение.. 107

Литература.. 109

CONTENTS

Preface 9

Introduction 10

ORDO CETACEANS: WHALES, DOLPHINS AND PORPOISES 15

Characteristics of ordo cetaceans 17

BOWHEAD WHALE (*Balaena mysticetes*), Family: *Balaenidae* 22

NOTHERN RIGHT WHALE (*Eubalana glacialis*), Family: *Balaenidae* 25

BLUE WHALE (*Balaenoptera musculus*), Family: *Balaenopteridae* 28

FIN WHALE (*Balaenoptera physalus*), Family: *Balaenopteridae* 31

SEI WHALE (*Balaenoptera borealis*), Family: *Balaenopteridae* 34

MINKE WHALE (*Balaenoptera acutorostrata*), Family: *Balaenopteridae* 36

HUMPBACK WHALE (*Megaptera novaengliae*), Family: *Balaenopteridae* 38

GRAY WHALE (*Eschrichtius robustus*), Family: *Eschrichtidae* 41

SPERM WHALE (*Physeter macrocephalus*), Family: *Phiseteridae* 44

BOTTLENOSE WHALE (*Berardius bairdii*), Family: *Ziphidae* 47

GOOSEBEAK WHALE (*Ziphius cavirostris*), Family: *Ziphidae* 49

BERING SEA BEAKED WHALE (*Mesoplodon stejnegeri*), Family: *Ziphidae* ... 51

BELUKHA WHALE (*Delphinapterus leucas*), Family: *Monodontidae* 53

NARWHAL (*Monodon monoceros*), Family: *Monodontidae* 55

KILLER WHALE (*Orcinus orca*), Family: *Delphinidae* 57

PACIFIC WHITE-SIDED DOLPHIN (*Lagenorhynchus obliquidens*), Family: *Delphinidae* 59

RISSO'S DOLPHIN (*Grampus griseus*), Family: *Delphinidae* 61

BOTTLENOSE DOLPHIN (*Tursiops truncatus*), Family: *Delphinidae* 63

COMMON DOLPHIN (*Delphinus delphis*), Family: *Delphinidae* 65

STRIPED DOLPHIN (*Stenella coeruleoalba*), Family: *Delphinidae* 67

SHORT-FINNED PILOT WHALE (*Globicephala melaena*), Family: *Delphinidae* 69

NOTHERN RIGHTWHALE DOLPHIN (*Lissodelphis borealis*), Family: *Delphinidae* 71

HARBOR PORPOISE (*Phocaena phocaena*), Family: *Phocoenidae* 73

DALL'S PORPOISE (*Phocoenoides dalli*), Family: *Phocoenidae* 75

ORDO PINNIPEDA 77

Characteristics of ordo Pinnipeds 79

PACIFIC WALRUS (*Odobenus rosmarus*), Family: *Odobenida* 82

STELLER SEA LION (*Eumetopias jubatus*), Family: *Otariidae* 85

NORTHERN FUR SEAL (*Callorhinus ursinus*), Family: *Otariidae* 88
BEARDED SEAL (*Erignatus barbatus*), Family: *Phocidae* 91
RIBBON SEAL (*Phoca fasciata*), Family: *Phocidae* 94
SPOTTED (LARGHA) SEAL (*Phoca vitulina largha*), Family: *Phocidae* 97
HARBOR SEAL (*Phoca vitulina*), Family: *Phocidae* 100
RINGED SEAL (*Phoca hispida*), Family: *Phocidae* 102
SEA OTTER (*Enhidra lutris*), Family: *Mustelidae* 105

Conclusion.. 107

References.. 109

ПРЕДИСЛОВИЕ

В каждом из нас живет натуралист, поэтому у человека, находящегося в море либо на берегу, возникает потребность понять, кого он видит. Необходимость в полевом определителе, которым могли бы пользоваться не только ученые или специалисты, но и неподготовленные наблюдатели, мы почувствовали еще 1993 г. в период организации береговых работ по изучению морских млекопитающих с помощью коренных жителей Чукотского полуострова. Выяснилось, что национальные зверобои Чукотки очень хорошо знают животных, на которых охотятся, и гораздо хуже – на которых не охотятся. Иногда просто не известно общепринятое название животного. Наши попытки найти подходящую уже готовую работу показали, что обычно используемые определительные таблицы Н.А.Смирнова (1936 г.), Н.А.Бобринского с соавторами (1944 г.) и А.Г.Томилина (1957,1962 гг.), построенные на основе морфологических и краниологических признаков, можно использовать только при обследовании животных на берегу или палубе судна, кроме того, они рассчитаны на специалистов. Определитель китообразных по поведению и внешним признакам, составленный А.Г. Томилиным (1951 г.), не соответствует современному уровню знаний об этих животных, превратился в библиографическую редкость, хотя до сих пор не утратил своего значения. Наставление для определения видов китов А.А.Берзина и В.Л.Владимирова (1982 г.) также оказалось мало пригодно из-за чрезвычайно краткого описания отличительных признаков видов китообразных, наблюдаемых в естественных условиях.

В этой связи возникла необходимость подготовить собственный определитель морских млекопитающих, с помощью которого обычный человек, не специалист, смог определять животных в естественных условиях. Такой определитель, ограниченный видами морских млекопитающих, обитающих в водах Чукотского полуострова, был нами подготовлен и размножен на ксероксе еще в 1894 г. Этот определитель позволил получить информацию за ряд лет по всем видам морских млекопитающих, обитающих в водах Чукотского полуострова. Успешный опыт подтолкнул нас к написанию определителя, в который были бы включены все виды морских млекопитающих, которые обитают в тихоокеанских водах России.

ВВЕДЕНИЕ

Киты, дельфины и тюлени вызывают неослабевающий интерес к себе как уникальные, высоко интеллектуальные, приспособившиеся к обитанию в водной среде млекопитающие. Эти животные очень популярны. Многие их виды, несмотря на многолетний запрет на промысел, остаются под охраной, и их существование до последнего времени находится под угрозой. Морские млекопитающие проводят много времени под водой, обитают в отдаленных районах и крайне трудны для исследований. Поэтому очень важно получать как можно больше информации об этих животных, особенно о редких либо исчезающих видах. Подготовка определителя наряду с чисто познавательными и образовательными целями имела и чисто научное значение, так как специалисты и ученые получают возможность видеть животных не только своими глазами, но и с помощью глаз многих людей, работающих в море либо живущих на его побережье. Необходимость в таком пособии автор ощущает постоянно как при работе с моряками и жителями Чукотского побережья, так и с коллегами, которые часто бывают в экспедициях, видят животных, но опознать их не могут. В результате исчезает важная и нужная информация. Вот почему создание достаточно простого и удобного в пользовании определителя, с помощью которого любой интересующийся человек мог распознавать морских млекопитающих в естественной среде обитания, являлось главной целью данной работы. В связи с тем, что многие люди хотят не только знать, кого они видят, но и интересуются общей биологией морских млекопитающих, о которой обычно задают вопросы, на которые чаще всего приходилось отвечать автору, определитель содержит и эти сведения. Это, несомненно, послужит целям познавательного характера.

Автор имел счастливую возможность видеть в естественных условиях в море многих из описанных ниже видов морских млекопитающих, однако, несмотря на почти 30-летний опыт работы, наблюдать их всех не довелось. Поэтому при подготовке этого определителя мы использовали не только собственные знания, но большое количество книг, научных статей, фотографий, видеофильмов и, конечно, опыт коллег и друзей. В видовых очерках мы не приводим ссылки на использованную литературу, так как это сильно загромождает текст и мешает при работе с определителем, особенно в полевых условиях. В этой связи сочли возможным привести цитируемую литературу лишь в конце работы.

Особенности пользования пособием. Определение морских млекопитающих в естественных условиях проводится по всему комплексу внешних, видимых над водой признаков. Сопоставление со сведениями об особенностях поведения, а также вероятность встречи животного в конкретном районе позволяют идентифицировать его видовую принадлежность.

Присутствие животных в море выявляется прежде всего по их силуэту и фонтану, которые появляются при выходе животных на поверхность воды. После одного–двух или серии вдохов-выдохов, сопровождающихся фонтанами у китов, животные снова погружаются в воду. Фонтаны одного и того же кита могут сильно изменяться по форме и в размерах в зависимости от поведения животного и погоды. Тем не менее фонтан сохраняет свои черты, характерные для вида, и является важным определительным признаком. При наблюдении морских млекопитающих необходимо также учитывать особенности их поведения, движения по поверхности, связанные с дыханием. Силуэт (профиль тела), выставляемый над поверхностью воды, является одним из важнейших признаков видовой принадлежности животного. Форма силуэта, окраска тела и спинного плавника, форма и окраска хвостовой лопасти, форма и окраска головы и т. д. служат признаками для определения видовой принадлежности морских млекопитающих. Правильная оценка всего комплекса признаков при хорошей видимости и некотором опыте позволяет достаточно уверенно определять вид животного даже на значительном расстоянии. Для этого необходимо:

1) знать, на какие признаки следует обращать внимание прежде всего. Для этого, до начала работ, по определителю нужно ознакомиться с ключевыми признаками морских млекопитающих, которые могут встретиться в данном районе;

2) не теряя времени на перелистывание страниц при обнаружении, тщательно наблюдать животное, стараясь запомнить ключевые признаки с тем, чтобы позднее сравнить их по определителю;

3) не делать скороспелых заключений, отследить хотя бы повторный выход животного на поверхность для оценки имеющихся ключевых признаков;

Правильную идентификацию видов определитель обеспечивает следующими особенностями:

а) сравнительными рисунками размеров китообразных и ластоногих,

б) иллюстрациями, дающими представление о внешнем облике видов морских млекопитающих, в) силуэтами, которые даны в той последовательности, в которой животное выходит на поверхность, а затем ныряет.

г) ключевыми характеристиками, выделенными в тексте шрифтом,

д) картами распространения видов, которые дают представление о возможности встречи того или иного вида морских млекопитающих в конкретном районе.

Автор надеется, что данный определитель позволит облегчить определение морских млекопитающих непосредственно в море, удовлетворить естественную любознательность людей, работающих и желающих больше узнать о море и животных, его населяющих.

Кто такие морские млекопитающие? Морские млекопитающие – обособленная группа животных, которая очень давно отделилась от наземных млекопитающих и эволюционировала самостоятельно от наземного образа жизни к водному, через уникальные морфологические и физиологические адаптации. Морские млекопитающие – это теплокровные животные, которые с помощью легких дышат воздухом, вынашивают и рождают детенышей, имеют волосы (по крайней мере, некоторое время их жизни). Эти животные распространены во всех морях и океанах и за-

Таксономическое положение морских млекопитающих

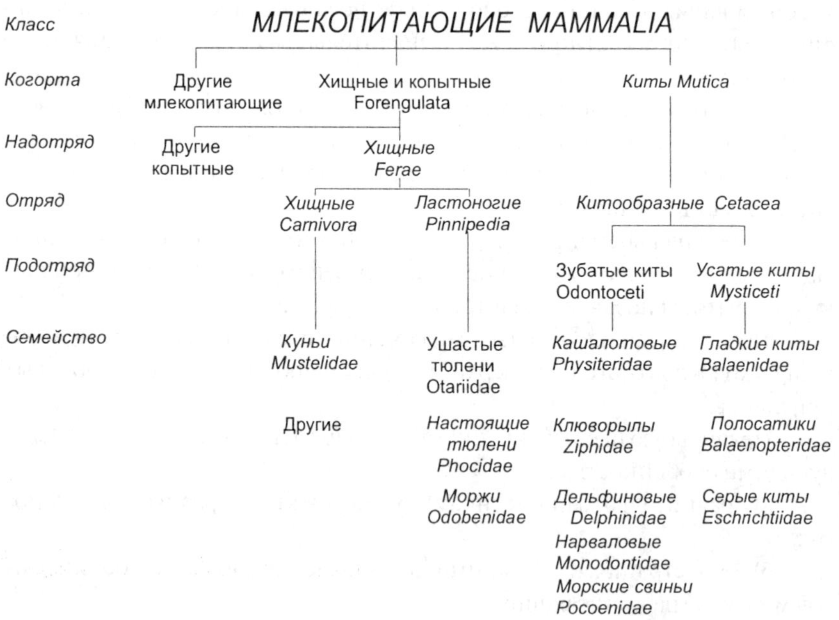

нимают различные экологические ниши от растительноядных (сиреновые), фильтровальщиков (усатые киты) до типичных хищников (касатка). В данной работе представлены три группы морских млекопитающих: китообразные (киты, дельфины, морские свиньи), ластоногие (ушастые и настоящие тюлени), куньи (калан).

Адаптации морских млекопитающих к морской среде обитания. Китообразные и ластоногие обладают комплексом уникальных морфологических и физиологических адаптаций, позволяющих им жить в водной среде обитания. Будучи теплокровными и используя для дыхания воздух, морские млекопитающие приспособились к крайне низким температурам и высокой плотности водной среды, к нырянию на большие глубины, давлению, темноте. В настоящее время известны следующие приспособления морских млекопитающих к обитанию в водной среде.

• Легкие морских млекопитающих относительно меньше, чем у наземных животных и человека, однако они усваивают до 90 % кислорода при каждом дыхании. По сравнению с наземными животными морские млекопитающие имеют больший объем крови, у них больше эритроцитов, больше гемоглобина. В мышцах необычно много миоглобина, что обеспечивает лучшее связывание кислорода. Так как кровь и мышцы морских млекопитающих содержат много гемоглобина и миоглобина, они тёмноокрашены, иногда почти черные.

• Морские млекопитающие имеют большую устойчивость к повышенному содержанию молочной кислоты и окиси углерода в тканях. Их мышцы способны длительный период работать в анаэробных условиях, т. е. без поступления кислорода в периоды задержки дыхания при нырянии.

• Морские млекопитающие имеют комплекс адаптаций к гигантскому давлению на большой глубине, где их легкие спадаются, поэтому грудная клетка не является жестким каркасом и способна сжиматься. Задержка дыхания под водой минимизирует растворение азота в крови, что позволяет избежать кессонной болезни.

• Для передвижения в водной среде морские млекопитающие приобрели обтекаемую форму. Их конечности имеют форму плавников, что позволяет эффективно передвигаться в воде.

• Снижению тепловых потерь в водной среде способствует их крупное, иногда огромное тело с относительно небольшой внешней поверхностью. Толстый слой жира или меха используется как термоизолятор. Комплекс адаптивных приспособлений в кровеносной системе по принципу теплообменника снижает тепловые потери в конечностях.

• Большинство морских млекопитающих почти не пьют морскую воду, используя воду, поступающую с пищей. Они имеют почки, способные выводить мочу, содержащую повышенную концентрацию солей, выше, чем содержание соли в морской воде.

• Для коммуникации морские млекопитающие широко используют подводные звуки. Зубатые китообразные обладают активной эхолокацией, позволяющей обнаруживать добычу в условиях ограниченной видимости под водой и легко ориентироваться. Морские млекопитающие обладают высокой тактильной чувствительностью кожи. Ластоногие и калан, кроме того, имеют хорошо развитые вибриссы.

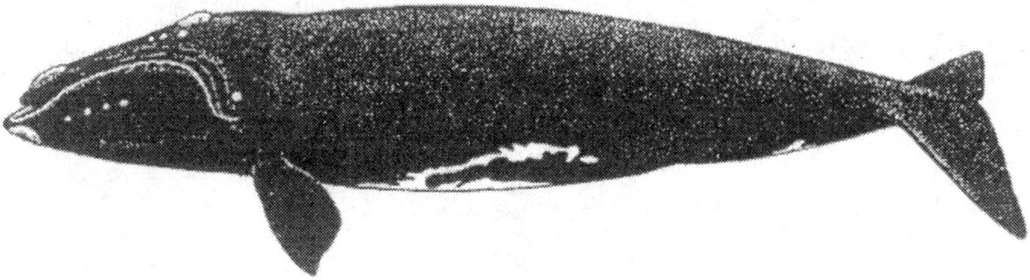

ОТРЯД КИТООБРАЗНЫЕ: КИТЫ, ДЕЛЬФИНЫ И МОРСКИЕ СВИНЬИ

ХАРАКТЕРИСТИКА ОТРЯДА КИТООБРАЗНЫХ

Отряд китообразных (Cetacea) – обособленная группа млекопитающих, которые всю жизнь проводят в воде. Китообразные распространены очень широко и встречаются во всех морях и океанах. Все указывает на их глубокое приспособление к водной среде. Лишенное ушных раковин и задних конечностей, тело китообразных приняло максимально обтекаемую форму и заканчивается горизонтально расположенным плавником. У китообразных редуцированы органы обоняния и вкуса и заменены органами хеморецепции. У большинства сравнительно хорошо развиты органы зрения и осязания. Наибольшее развитие получил орган слуха. Все китообразные очень хорошо слышат под водой, а зубатые киты обладают способностью к эхолокации, во многом заменяющей глаза, возможности которых в воде ограничены.

Отряд китообразных распадается на два хорошо дифференцированных подотряда: Усатые киты (*Mysticeti*) и Зубатые киты (*Odontoceti*). Эти подотряды различаются между собой как морфологическими признаками, так и поведением.

Таксономическое дерево китообразных

Китообразные

Усатые			Зубатые				
Гладкие	Полосатики	Серые	Кашалотовые	Клюворылы	Дельфиновые	Нарваловые	Морские свиньи
Полярный	Блювал	Серый	Кашалот	Бутылконос	Дельфин белобочка	Белуха	Морская свинья
Японский	Сейвал		Карликовый кашалот	Северный плавун	Полосатый продельфин	Нарвал	Белокрылая морская свинья
	Финвал			Клюворыл	Афалина		
	Малый полосатик			Ремнезуб	Северный китовидный		
	Кит Брайда				Серый		
	Горбач				Косатка		
					Малая косатка		
					Гринда		

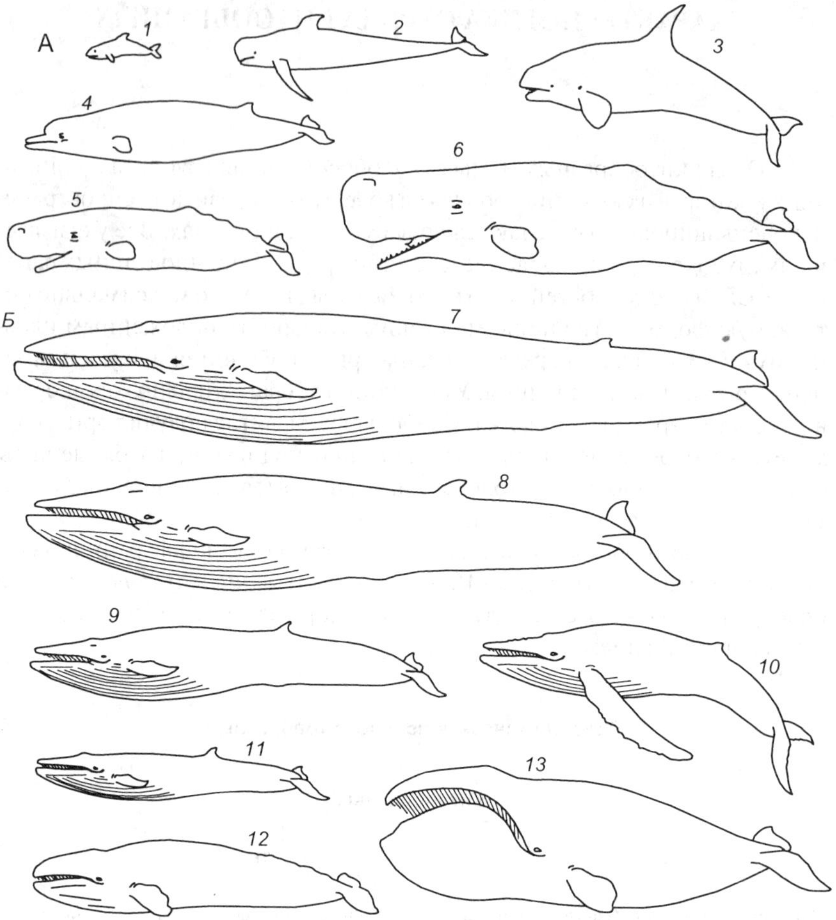

Представители отряда китообразных и их сравнительная величина.

А – зубатые киты; 1 – дельфин белобочка, 2 – гринда, 3 – касатка, 4 – северный плавун, 5 – кашалот самка, 6 – кашалот самец. Б – усатые киты; 7 – синий кит, 8 – финвал, 9 – сейвал, 10 – горбач, 11 малый полосатик, 12 – серый кит, 13 – гренландский кит

Подотряд Усатые киты (*Mysticeti*) содержит 3 семейства: гладкие киты, полосатики, серые киты. У представителей усатых китов имеется два наружных носовых отверстия, открывающихся на вершине головы в особой впадине. В огромной ротовой полости располагается цедильный аппарат, состоящий из пластин (китовый ус). В этой связи голова, особенно ее лицевая часть, очень большая, занимает от 1/5 до 1/3 длины тела. В отличие от зубатых китов, питающихся одиночными организмами или хватающих по несколько штук, усатые киты с помощью цедильного аппарата в массовом количестве ловят мелкие организмы. Цедильный аппарат одних усатых китов приспособлен к процеживанию очень мелкой пелагической пищи, других – к более крупной добыче, в том числе и к лову массовых скоплений мелкой рыбы, третьих – к питанию придонными и донными организмами. Самки усатых китов в основном крупнее самцов. Половой диморфизм не выражен. Способности к активной эхолокации не обнаружено.

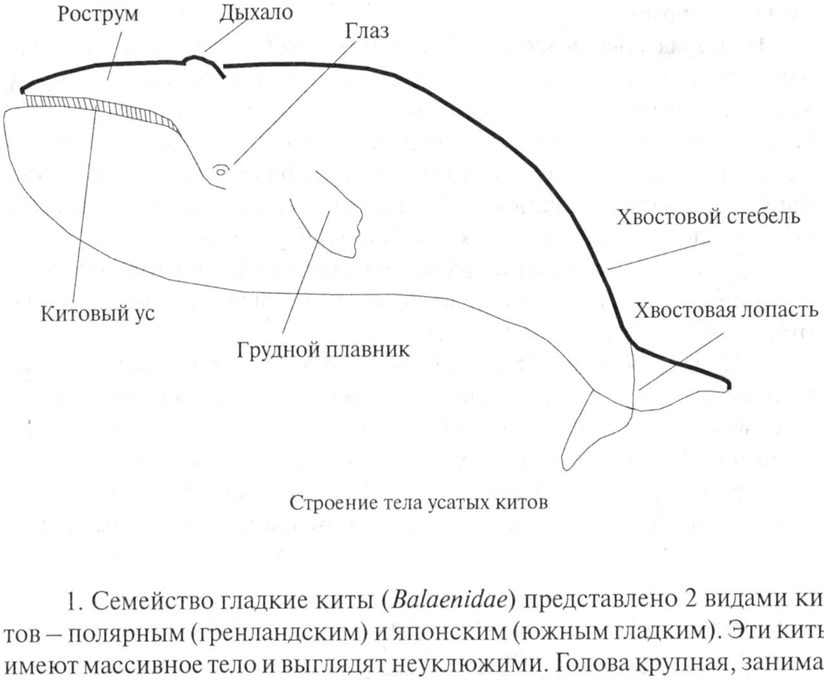

Строение тела усатых китов

1. Семейство гладкие киты (*Balaenidae*) представлено 2 видами китов – полярным (гренландским) и японским (южным гладким). Эти киты имеют массивное тело и выглядят неуклюжими. Голова крупная, занимает до трети длины животного. Верхние челюсти резко изогнуты дугой. Грудные плавники короткие и широкие. Ротовая щель резко изогнута. Представители семейства способны питаться очень мелкой пищей и имеют темные, узкие и высокие усовые пластины с тонкой бахромой.

2. Семейство полосатики (*Balaenopteridae*) состоит из 6 видов китов – блювал, финвал, сейвал, малый полосатик, кит Брайда, горбач. Характерным признаком семейства являются расположенные на брюхе и горле многочисленные параллельные складки-борозды, которые, растягиваясь при захвате пищи, образуют подчелюстной мешок. Тело у этих китов

стройное, голова сравнительно небольшая. Ротовая щель изогнута слабо. Цедильный аппарат состоит из коротких, но широких у основания пластин китового уса.

3. Семейство серые киты (*Eschrichtidae*) представлено 1 видом – серым китом. Для этих китов характерно отсутствие подчелюстного мешка – брюхо гладкое без складок, в области шеи имеются лишь 2–4 глубокие, раздельные борозды. Спинной плавник в виде низкого слабозаметного бугра, за которым последовательно расположены несколько еще более мелких и низких бугров. Голова сравнительно короткая, сжата с боков. Грудные плавники короткие, лопатообразные. Цедильный аппарат состоит из низких, толстых, относительно малочисленных пластин с грубой и жесткой бахромой.

Подотряд Зубатые киты (*Odontoceti*) содержит 5 семейств – кашалотовые, клюворылы, дельфиновые, нарваловые, морские свиньи. Все зубатые киты имеют одно носовое отверстие. Цедильного аппарата нет. Имеют относительно небольшую ротовую щель, где насчитывается от 1–2 до 240 конических зубов. Половой диморфизм выражен обычно хорошо – самцы крупнее самок. Зубатые киты питаются преимущественно рыбой и головоногими моллюсками. На голове у всех их – в той или иной мере выраженная жировая подушка, которая служит преимущественно для концентрации звукового поля во время эхолокации, способностью к которой обладают все зубатые киты.

1. Семейство кашалотовые (*Physeteridae*) состоит из 2 видов – кашалот и карликовый кашалот. Для представителей этого семейства характерна очень большая спереди, тупая, отвесно ограниченная голова, занимающая от 1/4 до 1/3 длины тела. Ротовое отверстие смещено на нижнюю сторону головы. S-образное дыхало располагается в левом переднем углу головы. Спинной плавник толстый и низкий. За спинным плавни-

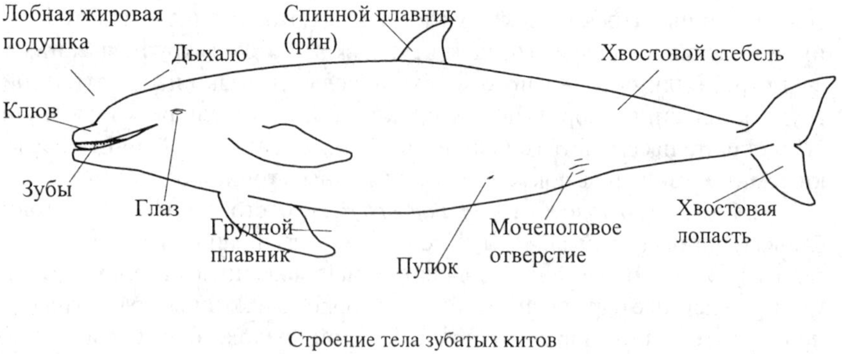

Строение тела зубатых китов

ком по верхней кромке хвостового стебля имеются несколько дополнительных бугров. Самки и молодые самцы держатся большими группами. Ныряют глубоко и на длительный период. После выхода на поверхность совершают большое количество промежуточных ныряний (дыханий).

2. Семейство клюворылые (*Zifidae*) представлено 4 видами китов – бутылконос, северный плавун, клюворыл, ремнезуб. Семейство клюворылые – средние и крупные зубатые киты. Вытянутая голова напоминает горлышко бутылки. Дыхало полулунной формы, расположено на темени головы. Спинной плавник сдвинут в заднюю половину тела. В верхних челюстях зубов нет, в нижних лишь 1–2 пары. Эти киты – превосходные ныряльщики. Продолжительные дыхательные паузы у них чередуются большим количеством промежуточных ныряний (дыханий).

3. Семейство дельфиновые (*Delphinidae*) отличается большим видовым разнообразием. Дельфиновые включают китообразных мелких и средних размеров. Спинной плавник расположен на середине тела либо отсутствует. Дыхало полулунной, подковообразной формы находится на вершине головы. Много конических зубов в верхней и нижней челюстях. Держатся группами, ныряют неглубоко и на короткий период.

4. Семейство нарваловые (*Monodontidae*) представлено 2 видами – белухой и нарвалом. Спинной плавник отсутствует. Голова округлая, небольшая, с хорошо выраженной лобной подушкой, без клюва, отделена от туловища хорошо выраженной шеей.

5. Семейство морские свиньи (*Phocoenidae*) включает 2 вида – морская свинья и белокрылая морская свинья. Мелкие дельфины с длиной тела до 2 м. Голова притуплена, с уплощенной лобной жировой подушкой, без клюва. Спинной плавник расположен на середине тела либо немного кпереди.

ГРЕНЛАНДСКИЙ, ИЛИ ПОЛЯРНЫЙ, КИТ (*BALAENA MYSTICETES*), СЕМ. *BALAENIDAE*

Размеры. Максимальный размер до 21 м, вес до 75 т. Самцы в среднем меньше самок.

Форма тела. Тело массивное, толстое, без полос на брюшной стороне. **Верхняя челюсть изогнута высокой дугой** и снабжена длинными и узкими усовыми пластинами. **На верху головы нет никаких наростов.** Хорошо выражен шейный перехват.

Окраска. Преимущественно **черная**, с белым пятном на подбородке или горле. Некоторые из китов имеют белую полосу на конце хвостового стебля.

Фин. **Спинного плавника не имеет,** спина гладкая.

Фонтан. Высота фонтана до 5 м, по 4–9 штук в серии в течение 1–5 мин, после чего кит уходит под воду на 10–30 мин. **При наблюдении сзади фонтан иногда выглядит V-образным.** Однако часто раздельные струи

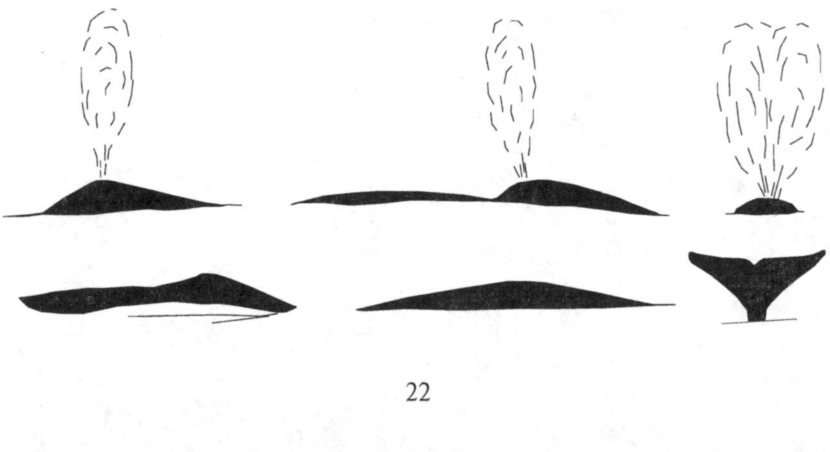

не выделяются и фонтан кажется одноструйным. В отличие от других китов, фонтан которых имеет быстрый, взрывчатый характер, у полярного кита фонтан медленный, наблюдается нарастание, а затем спад струи фонтана.

Поведение. Полярный кит выглядит медлительным. **В профиль голова выходит из воды в виде асимметричного бугра, из более крутой части которого вырывается струя фонтана.** При этом, особенно во время первого выхода, спины бывает не видно. При последующих выходах на поверхность кит необычно высоко выставляется из воды. На поверхности одновременно появляются спина и голова, которые отделены друг от друга хорошо выраженным низким шейным перехватом. При промежуточных ныряниях не наблюдается последовательности погружения – голова, спина, хвостовой стебель, что характерно для большинства крупных китов. **Полярный кит исчезает под водой сразу всем телом. При нырянии редко показывает хвостовую лопасть.**

Ныряние. Продолжительность ныряния в спокойном состоянии 10–30 мин. На поверхности обычно находится 3–5 мин, в течение которых дает 3–5 фонтанов.

Распространение. В Беринговом и Чукотском море **встречается преимущественно среди или вблизи льдов**. В Охотском море летом держится по открытой воде. Совершает сезонные миграции с мест зимовки в Беринговом море на лето для нагула в море Бофорта и Чукотское море. В Охотском море встречается в заливах Шантарского моря и в районе Пенжинской губы. Миграции полярных китов Охотского моря неизвестны.

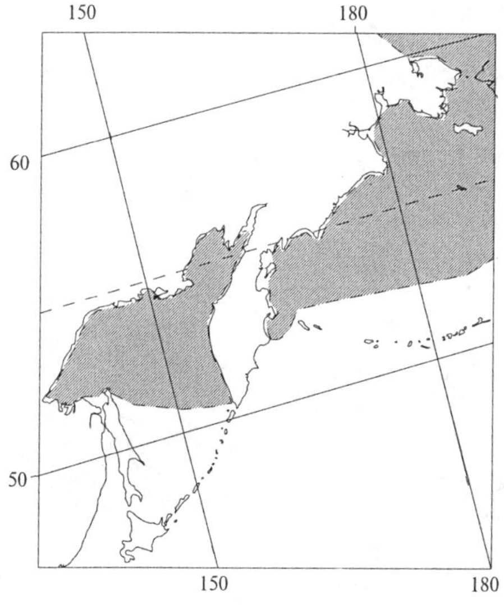

Питание. Питается преимущественно зоопланктоном. При кормежке с открытым ртом плывет по скоплению рачков как в толще, так и на поверхности воды, в последнем случае иногда ложится на бок.

Размножение. Самки становятся половозрелыми при длине тела 12–14 м, самцы – при 12–13 м. Самка приносит 1 детеныша в 3–7 лет. Беременность длится 13–14 мес. Кормление детеныша молоком продолжается в течение года.

Численность. В настоящее время численность полярных китов оценивается примерно в 7500 голов. Для нужд коренного населения Аляски разрешается добывать в год 65 китов вместе с ранеными.

ЮЖНЫЙ (ЯПОНСКИЙ) ГЛАДКИЙ КИТ (EUBALANA GLACIALIS), СЕМ. *BALAENIDAE*

Размеры. Средняя длина тела 14–16 м, максимальная 17 м. Средний вес 60 т. Самцы крупнее самок.

Форма тела. Тело короткое, толстое, но выглядит менее толстым, чем у полярного кита. Голова большая, достигает 1/4 длины тела. **В области шеи небольшой (меньше, чем у полярного кита) шейный перехват. На передней верхней части головы расположен большой роговой нарост.** Два ряда наростов меньшего размера имеются по бокам головы и нижней челюсти, а также над глазом. Пластины уса узкие и длинные, до 2,5 м. Грудные плавники широкие, заостренные на вершине.

Окраска. **Окраска однотонная, темная, почти черная** с белыми пятнами разной величины на брюхе.

Фин. **Спинного плавника не имеет,** спина гладкая.

Фонтан. **Хорошо выраженный двуструйный, V-образный,** пушистый, высотой до 5 м.

Поведение. Спокойный тихоходный кит, однако активнее и подвижнее полярного кита. Держится в большинстве случаев поодиночке, реже парами. Шума не боится, однако потревоженный ныряет на продолжительный период.

Ныряние. **Ныряет обычно неглубоко,** питается в верхних слоях воды. При промежуточных нырянииях хвостовой лопасти не показывает, держится у самой поверхности, давая фонтан каждые 30 с. **Ныряет обычно вертикально, выставляя широкую хвостовую лопасть.** После неглубокого ныряния выходит почти параллельно к поверхности моря, поэтому **над водой одновременно появляются голова и часть спины животного.** После глубокого и продолжительного ныряния выходит на поверхность стремительно и под большим углом, выставляя первоначально ростральную часть головы.

Распространение. Населяет теплые и умеренные воды обоих полушарий. **В северной части Тихого океана выше 60° с. ш. не поднимается,** заселяя южную часть Берингова моря, воды Курильской гряды, Охотское море. Совершает регулярные сезонные миграции с мест зимовки в теплых водах на нагул в умеренные и холодные воды.

Питание. Специализирован на питании мелкими планктонными организмами, преимущественно веслоногими. Рыбы в желудках этих китов не встречались.

Размножение. Роды и спаривание происходят, по-видимому, в декабре–феврале в теплых водах. По аналогии с другими китами беремен-

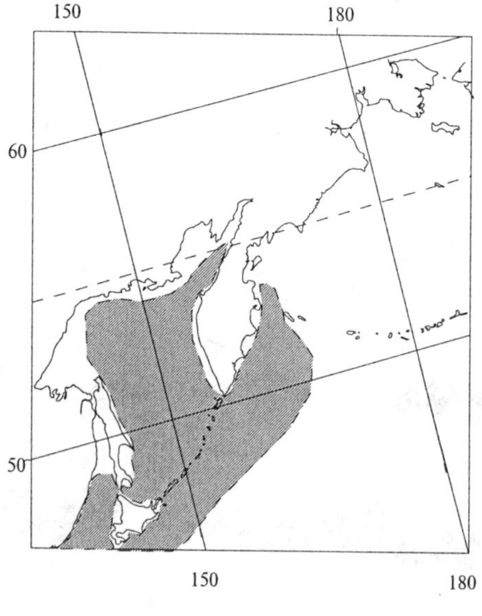

ность длится, вероятно, около года. Рождается один детеныш в 2–4 года. Лактация около года.

Численность. Охраняемый вид. Промысел запрещен полностью с 1935 г. Численность критически низка. В прошлом это один из наиболее выгодных объектов коммерческого промысла. В последние годы все чаще обнаруживается в Охотском море.

ГОЛУБОЙ КИТ, ИЛИ БЛЮВАЛ (*BALAENOPTERA MUSCULUS*), СЕМ. *BALAENOPTERIDAE*

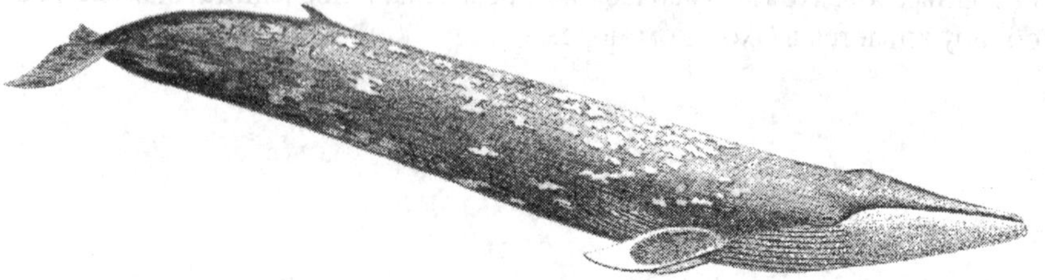

Размеры. В Северном полушарии максимальная длина самок 29,8 м, самцов 26 м. Средняя длина самок 23,5 м, самцов 22,8 м. **Самое крупное животное на земле.**

Форма тела. **Огромное, стройное, вытянутое тело.** Голова сверху широкая и ровная, V-образная с сильно выгнутой в стороны нижней челюстью. С боку выглядит плоско. **Дыхало (дыхательное отверстие) заметно не выступает**. С каждой стороны верхней челюсти имеют черные усовые пластины. Грудные плавники узкие и заостренные. Хвостовой стебель широкий с зазубренным краем. Имеет 55–68 подчелюстных горловых складок.

Окраска. **Тело синевато-серое с серыми пятнами разной величины и формы.** Голова и нижняя челюсть темные, спина и бока светлее.

Фин. **Маленький,** различной формы, отодвинут далеко назад и расположен у начала последней четверти тела. Обычно **не виден до начала ныряния.**

Фонтан. Плотный (не пушистый), по форме напоминает вытянутый

узкий конус, опрокинутый вершиной вниз. Высота фонтана обычно 6–9 м, однако сильно зависит от температуры воздуха и поведения животного.

Поведение. Обычно держатся по 2–3 кита вместе, иногда поодиночке. **Обитают преимущественно вдали от берегов.** Небольшие скопления иногда образуются в местах концентрации планктона, при этом сохраняются характерные мелкие группы. Перемещается синий кит со скоростью 6–8 миль в час, часто меняя направление. При преследовании идет по прямой со скоростью до 15 миль в час, давая небольшие фонтаны каждые 30–40 с.

Ныряние. В спокойном состоянии держится под водой 10–12 мин. После глубокого погружения **на поверхности появляется обычно макушка головы с дыхалом.** Дав фонтан, синий кит медленно и плавно изгибает широкую спину. Миниатюрный **спинной плавник появляется, когда голова и передняя часть спины уже скрываются под водой**. Кит сильно выставляет хвостовой стебель в форме полукруга. **Хвостовой плавник не показывает**.

Распространение. Сейчас в северо-западной части Тихого океана очень редок. Может встретиться в Беринговом и Чукотском морях, в районе Командорских, Алеутских островов и Курильской гряды. Ранее в Беринговом море был обычен, видели его в Анадырском заливе, заходил в Чукотское море до мыса Сердце-Камень. В Японском море отсутствует.

Питание. Основными объектами питания синих китов являются крупные планктонные беспозвоночные, преимущественно эвфаузииды. Зимой питается слабо. Летом, в период пика питания, в желудке может находиться до 4 т рачков.

Размножение. Период размножения растянут, однако большинство блювалов приносит потомство в декабре и спаривается в январе.

Беременность длится около года. Рождается один детеныш в 2–3 года, молочное питание 6–7 мес. Половая зрелость наступает в 4–5 лет при длине тела у самок 24 м, а у самцов 22 м.

Численность и хозяйственное значение. Охраняется, промысел запрещен полностью с 1965 г. Современная численность в Северной Пацифике оценивается в 1200–1700 животных.

ФИНВАЛ
(*BALAENOPTERA PHYSALUS*), СЕМ. *BALAENOPTERIDAE*

Размеры. Рекордная величина финвала в Северном полушарии у самок 22,57 м, у самцов 22,87 м. Средние размеры самцов 18,5 м, самок 18,9 м. Средние размеры новорожденных 6,0 м при весе 1860 кг.

Форма тела. Тело очень стройное, вытянутое, впереди округлое. V-образный рострум сверху выглядит треугольным, плоским. Хвостовой стебель сжат с боков, с хорошо различимым гребнем, вытянутым от фина до хвостовой лопасти.

Окраска. В значительной мере зависит от степени обрастания диатомовыми водорослями. Сверху общая окраска тела обычно темно-серая, по бокам светлее, с овальной пятнистостью, снизу белая. Асимметрично окрашены нижние челюсти. **Правая нижняя челюсть белая, левая – черная.** Брюхо чисто-белое. **Хвостовая лопасть снизу ярко-белая, окаймлена темной полосой.**

Фин. Сдвинут далеко назад и расположен примерно на расстоянии 1/4 длины тела от хвоста, **довольно велик для полосатиков.** По форме в большинстве случаев тупой, задний край полулунно вырезан, передний полого спускается к спине. На спинном плавнике **часто выделяется белое пятно неправильной формы**. Высота фина 40–60 см, при этом его высота укладывается в высоте выставляющейся над водой части хвостового стебля около 2 раз.

Фонтан. Фонтан финвала **одноструйный, высокий и узкий**. В спокойную погоду имеет форму узкого конуса, опрокинутого вершиной вниз. Его высота от 3 до 9 м.

Поведение. Несмотря на подходы к берегам, кит предпочитает открытые воды. На полях нагула киты держатся чаще всего поодиночке, реже попарно или по три. Очень редко десятками и даже до сотен голов. Более

сплоченно держатся при питании стайной рыбой, при этом делают неожиданные рывки, ложатся на бок. При выходе над поверхностью воды тело выставляется на 5–6 с, при этом всегда соблюдается последовательность: дыхало, передняя часть спины, хвостовой стебель. Уходя под воду после серии фонтанов, **кит круто изгибает тело, особенно хвостовой стебель,** который выставляется в форме полукруга с крупным спинным плавником. Хвостовая лопасть, за редким исключением, не выставляется.

Ныряние. У поверхности, в спокойном состоянии финвал держится 1,5–2 мин. За этот период он дает 3–8 фонтанов, затем ныряет на 15–20 мин.

Распространение. В северной части Тихого океана финвал распространен от Чукотского моря до тропиков. Чукотское море и Берингов про-

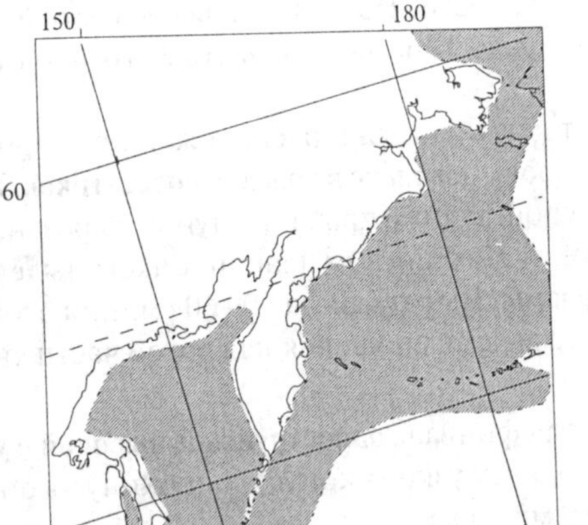

лив – конечные пункты летней миграции финвалов. В этом районе киты бывают в августе–сентябре, на север проникают до островов Врангеля и Геральда, на запад – до прол. Лонга. Ранее в значительных количествах финвалы концентрировались в Анадырском заливе, были распространены вдоль Курильской гряды и берегов Камчатки. В Охотском море встречаются повсеместно. В Японском море – от широты зал. Петра Великого до широты Советской Гавани.

Питание. Питается преимущественно мелкими стайными рыбами и планктоном (калянусы, эувфаузииды). При питании захватывает скопления рыб или рачков вместе с водой в огромный подчелюстной мешок, раздувая его, как шар. Затем через усовые пластины отцеживает воду. **У поверхности часто переворачивается на бок или кверху брюхом.**

Размножение. Половозрелым финвал становится в 4–6 лет. Физическая зрелость наступает в 15–17 лет при длине тела 19 м. Спаривание происходит в течение всего года. Наибольшая интенсивность спаривания происходит с декабря по март. Беременность длится около года. Деторождение преимущественно зимой. Рождается один детеныш в 2–3 года. Период кормления молоком продолжается 6 мес.

Численность. Численность финвалов в Чукотском и Беринговом морях в настоящее время оценивается в 500–600 голов. В северной части Тихого океана в 16 тыс. Исходная численность до начала коммерческого промысла составляла около 42–45 тыс. Коммерческий промысел продолжался до 1976 г.

СЕЙВАЛ
(*BALAENOPTERA BOREALIS*), СЕМ. *BALAENOPTERIDAE*

Размеры. Самки крупнее самцов. Средняя длина самки 13,5–14, самца 13–13,5 м. Средний вес около 17 т. Новорожденный до 4,5 м, вес до 1 т.

Форма тела. Стройное, удлиненное темное тело с относительно небольшой головой. Нижняя челюсть немого длиннее верхней. Пластины уса короткие, жесткие, высотой до 0,8 м, однородно темно-серые с длинной, мягкой бахромой. Заостренные, узкие грудные плавники. Имеет 40–60 относительно коротких вентральных горловых складок, которые заканчиваются, не достигая пупка.

Окраска. Преимущественно темно-серая, иногда почти черная. Бока серые с голубоватым оттенком. Брюшная поверхность светлее боковой. **Обе губы нижней челюсти серые.**

Фин. **Спинной плавник большой, серповидный**, расположен в начале задней трети тела. **Часто виден одновременно с фонтаном**.

Фонтан. Конусовидный, до 3 м высотой. По форме похож на фонтан финвала, но короче и менее плотен.

Поведение. **Один из самых быстроходных китов** (до 30 миль в час). Держится обычно поодиночке или составляет группы в 2–5 китов. В отличие от финвала и блювала, при погружении изгибается слабо и **хвостовой стебель в виде полукруга не выставляет**.

Ныряние. Между погружениями дает 2–3 фонтана с интервалом в 20 с. В среднем ныряет на 5–6 мин, отлого и неглубоко, **часто меняет направление**. Под водой сейвал может находиться до 30 мин. **При нырянии хвостовую лопасть выставляет очень редко.**

Распространение. Широко встречается в открытых водах. Сейвал распространен от о-ва Тайвань на юге до Берингова пролива на севере. Известны случаи захода в Чукотское море. Наиболее обычен у южной части Курильских островов в водах Японии и Кореи, редок у Камчатки и особенно Чукотки. Редко бывает в Японском и Охотском море.

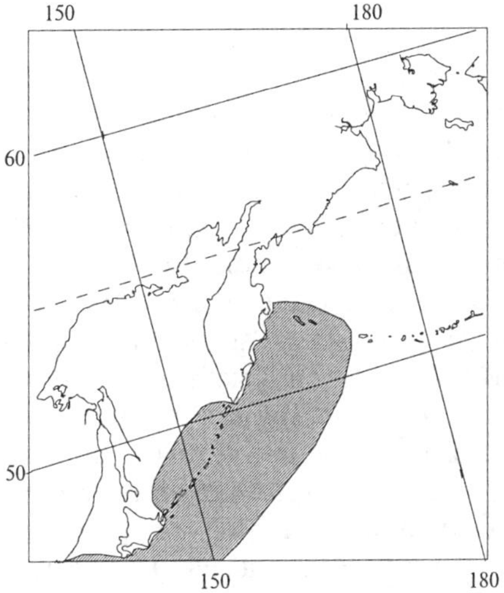

Питание. Питается преимущественно мелкими планктонными беспозвоночными (преимущественно копеподы, а также амфиподы и эвфаузииды). Некоторое значение имеют мелкие рыбы и кальмары.

Размножение. Физическая зрелость в возрасте около 10 лет, возраст половой зрелости не установлен. Период спаривания и деторождения преимущественно зимой в январе–феврале. Длительность беременности около года. Самка в среднем в 2–3 года приносит одного детеныша. Лактационный период около 5–7 мес. Продолжительность жизни до 60 лет.

Состояние численности. Охраняется. В северной части Тихого океана численность сейвалов оценивается в 14 тыс. особей. Коммерческий промысел продолжался до 1977 г.

МАЛЫЙ ПОЛОСАТИК, ИЛИ КИТ МИНКЕ (*BALAENOPTERA ACUTOROSTRATA*), СЕМ. *BALAENOPTERIDAE*

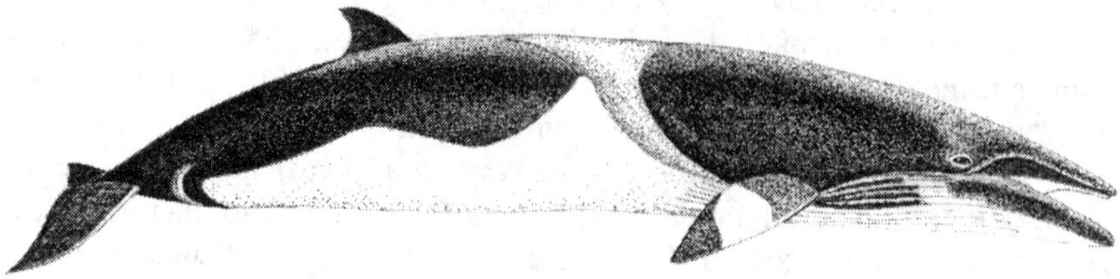

Размеры. Самый мелкий представитель семейства полосатиков. Максимальная длина взрослого животного 10 м. Средние размеры 8–8,5 м при весе 8 т. Размеры новорожденных около 3 м при весе 400 кг.

Форма тела. Малый полосатик выглядит крепким, обтекаемым. Голова заканчивается широким, острым рострумом. **Посередине рострума от дыхала к кончику морды хорошо заметен гребень.** Хвостовая лопасть относительно самая широкая среди полосатиков.

Окраска. Сверху тело малого полосатика черно- или темно-серое, снизу – белое. **На боках обычно не бывает овальной пятнистости.** Окраска нижней челюсти симметрична. **Грудные плавники имеют яркую белую поперечную полосу.** Нижняя сторона хвостовой лопасти белая.

Фин. Спинной плавник у малого полосатика относительно высокий, серпообразный с сильно загнутой назад вершиной. Расположен в конце второй трети тела. Высота фина лишь в 1–1,5 раза меньше выставляемой части хвостового стебля. **Фин появляется одновременно с фонтаном.**

Фонтан. Фонтан малого полосатика **быстрый, одноструйный** в форме опрокинутого конуса. **В теплую погоду малозаметный**.

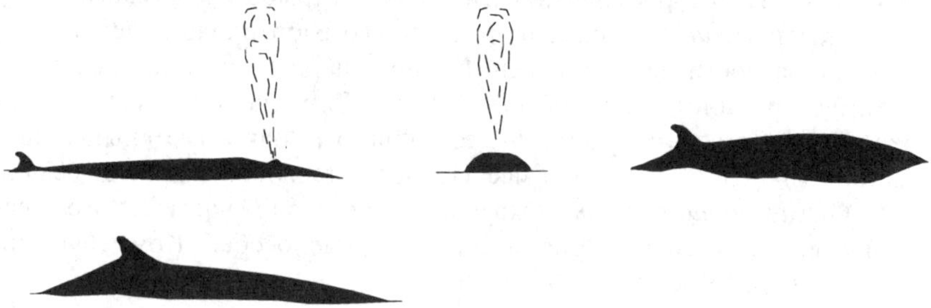

Поведение. Малый полосатик **часто держится у берега в бухтах и заливах.** Встречается преимущественно в одиночку, реже парами и только на скоплениях пищи образует небольшие группы. **На поверхности хвостовой стебель изгибает слабо.** При промежуточных погружениях тело выставляется на ту же высоту, что и при нырянии. Хвостовую лопасть из воды не выставляет.

Ныряние. **Ныряет обычно на 5–8 мин**. На поверхности дает от 1 до 5–8 фонтанов, чаще 2–3, **но вблизи берега ныряет сразу после первого выхода.**

Распространение. В Северном полушарии малый полосатик распространен повсеместно. Придерживается преимущественно прибрежной зоны. Часто встречается вблизи и среди льдов, бывает в полыньях, где выныривает и дышит в вертикальном положении.

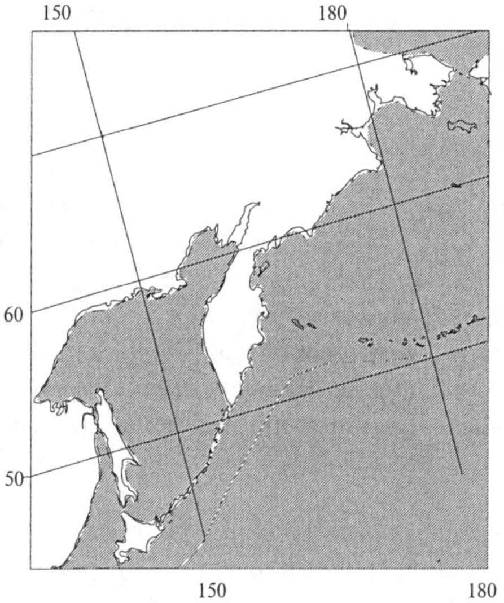

Питание. Малый полосатик питается преимущественно стайной рыбой и зоопланктоном.

Размножение. Половая зрелость наступает в 4–6 лет. Время родов и спаривания сильно растянуто и происходит в течение всего года. Большинство спариваний зимой. Беременность длится 10–11 мес, лактация в течение 6–7 мес. Рождается один детеныш каждые 1–2 года. Длительность жизни более 50 лет.

Численность. В северной части Тихого океана никогда не подвергался активному коммерческому промыслу. В настоящее время встречается сравнительно чаще, чем другие полосатики. Состояние численности изучено плохо, по некоторым данным в северной части Тихого океана обитает примерно 9 тыс. малых полосатиков.

ГОРБАЧ
(*MEGAPTERA NOVAENGLIAE*), СЕМ. *BALAENOPTERIDAE*

Размеры. Максимальная длина горбатого кита 18 м, средняя у самцов 14 м, у самок 15 м. Самцы в среднем меньше самок. Средний вес около 15 т. Новорожденный до 5 м при весе 2 т.

Форма тела. **Тело короткое, толстое** с плоской притупленной головой и огромными грудными плавниками. Полосы на брюхе крупные, сравнительно немногочисленные. **На морде сверху имеются три ряда крупных бородавчатых шишек.** Подобные шишки меньших размеров аконтуривают нижнюю губу и передний край плавников. Голова в 3–3,5 раза короче длины тела.

Окраска. Окраска спины и боков черная, на брюхе варьирует от черной и пестрой до белой. Грудные плавники сверху черные или пестрые, редко белые. Хвостовые лопасти сверху черные, снизу светлые или пятнистые, иногда черные.

Фин. Спинной плавник относительно низкий, толстый, по заднему краю выемчатый, по **переднему краю ступенчатый (с горбом).**

Фонтан. Обычная форма фонтана конусообразная, узкая у основания и расширенная вверху. Выглядит **невысоким, одноструйным и пушистым**. Высота от 2 до 5 м.

Поведение. Кит плавает относительно медленно, ныряя, круто выгибает спину и хвостовой стебель (горбится), почти **всегда выставляет хвостовую лопасть.** Делает прыжки, **выставляет над водой голову и огромные грудные плавники с бугристым краем.** Склонен держаться в прибрежной зоне и подплывать к кораблям.

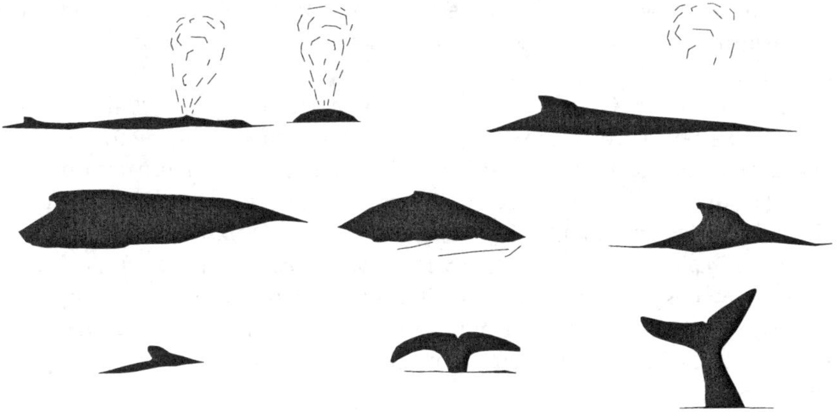

Ныряние. Горбач в спокойном состоянии ныряет на 1–7 мин, обычно на 3–6, максимум на 15–30 мин. Под водой часто круто меняет направление движения. Количество фонтанов в серии от 1 до 20, чаще 3–6. Интервалы между фонтанами в серии 4–15 с.

Распространение. Горбатые киты держатся как вдали от берегов, так и в прибрежье. Встречаются чаще в одиночку либо небольшими группами. Совершают регулярные миграции для нагула от побережья Калифорнии, где происходит размножение этих китов в район Берингова пролива и в Чукотское море. В Чукотском море достигают прол. Лонга и о-ва Врангеля. Бывают в Охотском и Японском морях, но, за исключением района Курильских островов, здесь всегда редки.

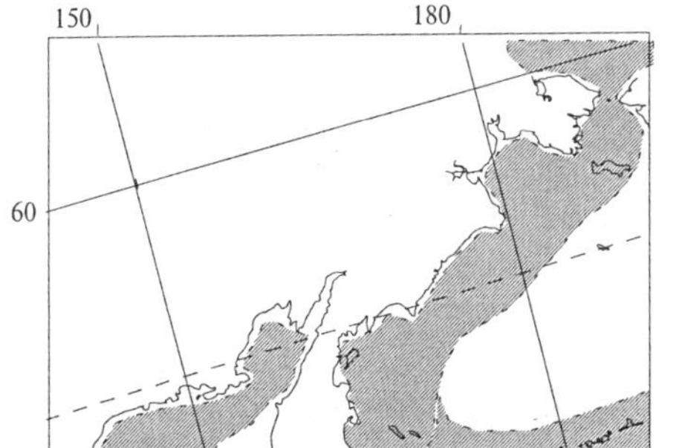

Питание. Горбач питается рыбой, придонными и пелагическими планктонными ракообразными, иногда крылоногими и головоногими моллюсками.

Размножение. Самки становятся половозрелыми при длине тела 10,0–10,5 м, самцы 10–11,5 м. Спаривание продолжается в течение всего года с максимумом в зимне-весенний период. Самка щенится 1 раз в 2–3 года после 11–11,5-месячной беременности. Новорожденный 4,5–5 м. Кормится молоком 6–10 мес. Кит живет в природе до 50 лет.

Численность. В результате неумеренного промысла численность горбатых китов сократилась катастрофически. В настоящее время популяция китов, мигрирующая в российские воды в Беринговом и Чукотском морях, оценивается в 300–400 голов. Промысел горбатых китов запрещен с 1966 г.

СЕРЫЙ КИТ
(*ESCHRICHTIUS ROBUSTUS*), СЕМ. *ESCHRICHTIDAE*

Размеры. Наибольшие размеры самок 15 м, самцов 14,3 м. Средние размеры самок 12–12,6 м, самцов 11,3–11,9 м. Вес в среднем до 30 т или немного больше.

Форма тела. Туловище выглядит коротким, почти круглым в поперечном сечении. В задней половине сжато с боков. **Профиль головы треугольный, рассеченный по средней линии слегка изогнутой ротовой щелью.** Нижняя челюсть не выдается вперед. Цедильный аппарат состоит из коротких, толстых и редко посаженных пластин. Широкие веслообразные грудные плавники. Хвостовая лопасть широкая с сильно выпукло-изогнутым задним краем и широкой вырезкой.

Окраска. Изначально черная с коричневым оттенком, однако **большое количество овальных белесых пятен, остающихся от наружных паразитов, придают киту характерный серый тон.**

Фин. Спинной плавник у серого кита **рудиментарный,** в форме слабовыраженного бугра, за которым по гребню хвостового стебля размещаются еще более мелкие бугры.

Фонтан. Фонтан невысокий, **до 3 м, пушистый, сердцевидный**, при наблюдении спереди или сзади слегка раздвоен.

Поведение. **Серый кит является типичным обитателем лагун, бухт и мелководных заливов. Способен находиться в прибойной зоне. Выходы на поверхности часто обозначены пятном взмученной воды.** При опасности может не давать фонтанов совсем и дышать, едва выставив дыхало, либо затаиваться.

Ныряние. Длительность ныряния 0,5–6 мин, наибольшая до 20 мин, средняя 3–4 мин. После выхода на поверхность дает 3–5 фонтанов. В серии интервалы между фонтанами от 3 до 20 с. **При заныривании круто ухо-**

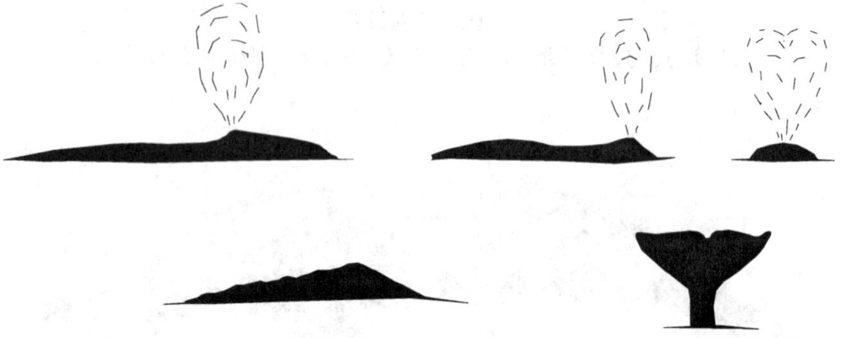

дит вниз и выбрасывает хвостовую лопасть. Иногда поворачивается вокруг продольной оси.

Распространение. Серые киты встречаются в прибрежной зоне северной части Тихого океана и Чукотском море. В район Чукотки совершают сезонные миграции для нагула с мест зимовки в прибрежных водах Калифорнии. Ареал обособленной популяции серых китов, кроме того, включает воды Японского моря, проливы Лаперуза и Татарский, Охотское море, воды Курильских островов.

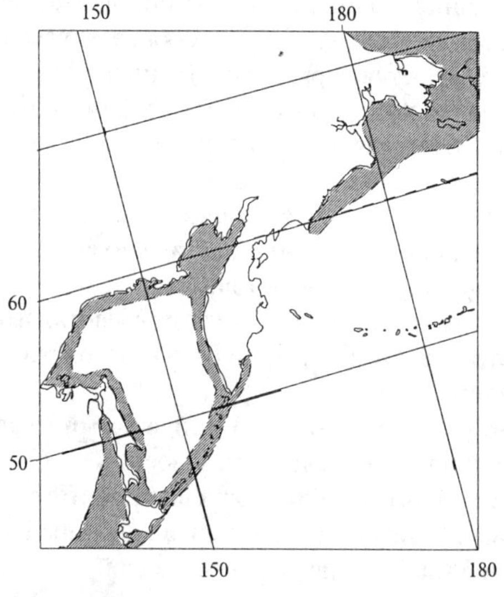

Питание. Типичный бентофаг. Питается исключительно придонными и донными организмами. Кит хорошо приспособлен к прямому зачерпыванию ртом илистых масс и последующей их фильтрации через жесткий цедильный аппарат.

Численность. В северной части Тихого океана обитают две популяции. Чукотско-калифорнийская популяция, сосредоточенная в северо-восточной части Тихого океана и Чукотском море, насчитывает до 26 тыс. серых китов. Охотско-корейская – не более 200. Коммерческий промысел этих китов продолжался до 1947 г. К тому времени численность этих китов снизилась катастрофически. Теперь из чукотско-калифорнийской популяции добываются 120–130 серых китов в год и только для нужд коренного населения Чукотки.

КАШАЛОТ
(*PHYSETER MACROCEPHALUS*), СЕМ. *PHISETERIDAE*

Размеры. **Самый крупный представитель подотряда зубатых китов.** Резко выражен половой диморфизм. Размер самцов в среднем около 15 м, максимальный до 20 м. Размер самок в среднем 11 м, максимальный до 13 м.

Форма тела. **У самцов тело толстое с громадной, до трети длины тела, квадратной головой**. У самок тело стройнее, голова занимает не более 1/4 тела, спереди более округлая. **Дыхало смещено в левый передний угол головы** и по форме напоминает латинскую букву S. За исключением головы, тело выглядит морщинистым.

Окраска. От темно-серой до черной, однотонная, с мелкой пятнистостью.

Фин. **Имеет вид бугра, позади которого располагаются еще несколько небольших бугров.**

Фонтан. **Направлен вперед и влево от конца головы под углом 45°**.

Поведение. Животное стадное. **Самки и подростки образуют социальные группы от 10 до 80 животных.** Неполовозрелые животные, а также молодые самцы образуют холостяковые стада, причем в такие группы входят звери одного размера. Взрослые самцы в период размножения держатся в группе с самками, в остальное время или одиночно или в составе небольших групп.

Ныряние. **Один из наиболее специализированных ныряльщиков. Может пробыть под водой до 1 ч и более,** ныряет на глубину до 2 км. На поверхности движется медленно со скоростью 2–3 мили в час. После продолжительного ныряния отдыхает на поверхности по 10–15 мин. **При занывании всегда показывает хвостовую лопасть.**

Распространение. Пелагический вид, населяет умеренные и теплые воды всего Мирового океана. В Тихом океане половозрелые самцы летом достигают северной части Берингова моря, самки в холодные воды не заходят и на север не поднимаются выше гряды Алеутских островов.

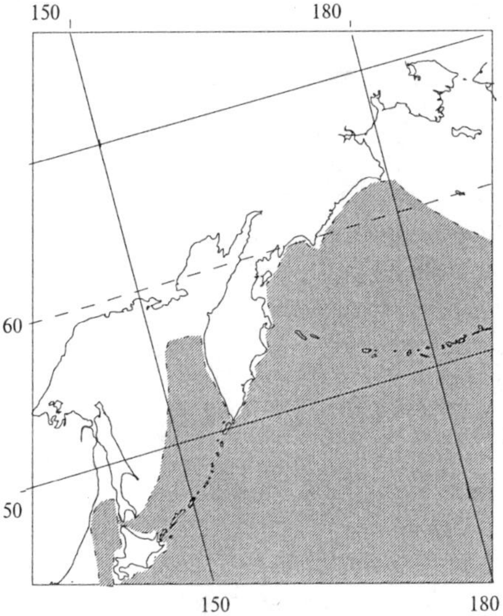

Питание. Питается почти исключительно головоногими моллюсками. В большинстве случаев это небольшие и средние кальмары. Иногда в желудках кашалотов обнаруживаются громадные головоногие моллюски длиной до 9 м и весом около 200 кг. Значение рыб в питании кашалотов не велико, и это почти исключительно глубоководные рыбы.

Размножение. Половой зрелости самки достигают в возрасте около 4 лет, самцы около 5 лет. Сроки деторождения очень растянуты, большинство самок приносит потомство с июня по сентябрь. Продолжительность беременности 16–17 мес. Рождается один детеныш в 2–3 года. Период молочного выкармливания около 1 года.

Численность. Кашалот – один из наиболее многочисленных видов китов. Обычен на всем его громадном ареале. В Северной Пацифике насчитывается около 930 тыс. С целью коммерческого промысла добывался до 1978 г.

СЕВЕРНЫЙ ПЛАВУН
(*BERARDIUS BAIRDII*), СЕМ. *ZIPHIIDAE*

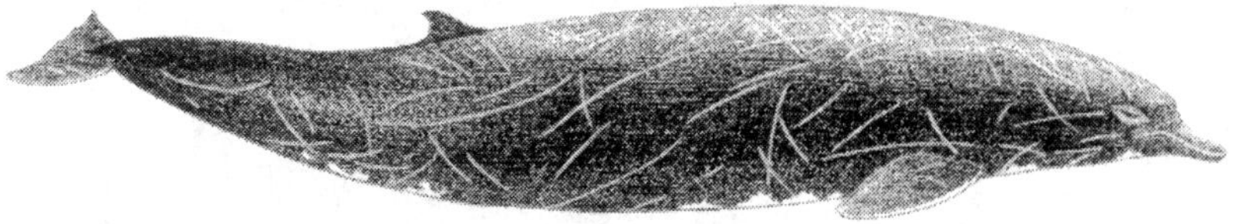

Размеры. Крупнейший представитель семейства клюворылов, длина тела 10–12 м, самки в среднем на 30 см крупнее самцов.

Форма тела. Впереди веретенообразная с относительно небольшими закругленными плавниками. Сзади в хвостовой части тело сжато с боков. **Голова небольшая с явно выраженным уплощенным клювом и хорошо развитой лобной жировой подушкой.** Посередине лобной подушки, поперек оси тела расположена щель дыхала полулунной формы. Имеются только две пары зубов в передней части нижней челюсти. На горле две короткие V-образно расположенные глубокие борозды.

Окрас. Окраска преимущественно бурая, часто темно-бурая с более осветленным брюхом. Обычны большое количество белых царапин и белые пятна.

Фин. Спинной плавник сильно изменчив по форме, **сравнительно низкий, треугольный, сдвинут назад, часто несет белое пятно.**

Фонтан. **Быстрый как вспышка, низкий и широкий,** овальный или в виде кустика.

Поведение. Стадные животные держатся чаще группами до 10 голов. **На поверхности группа располагается «цепочкой»**. Поодиночно, попарно

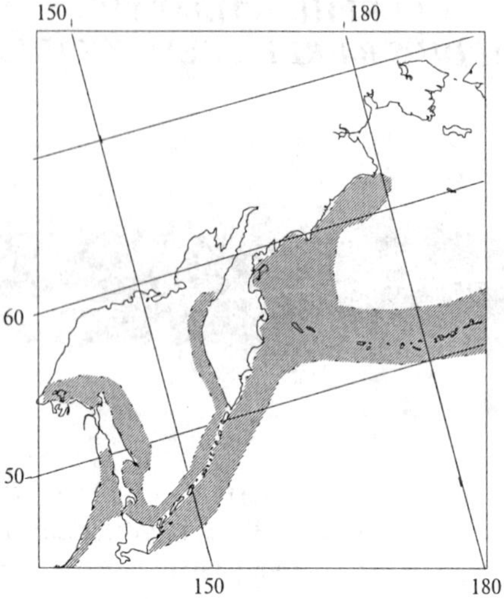

или по три животные следуют друг за другом. Молодые самцы образуют отдельные группы, взрослые держатся вместе с самками и детенышами.

Ныряние. На поверхности северный плавун держится обычно 3–7 мин и дает 10–20 фонтанов, после чего ныряет на 10–20 мин, иногда до часа. **При первом выходе на поверхность часто виден клюв.** Когда ныряет, может выставлять хвостовую лопасть.

Распространение. Распространен в северной части Тихого океана. В основном пелагический вид, держится преимущественно в водах с глубинами более 1000 м. Встречается от Японских островов до Анадырского залива.

Питание. Питается преимущественно кальмарами, однако в рацион входят и другие глубоководные виды.

Размножение. Роды и спаривание растянуты от декабря до начала июня. Пик спаривания отмечен в феврале. Беременность около 10 мес. Длина новорожденных 450 см.

Численность. В настоящее время нет даже приближенной оценки общей численности.

КЛЮВОРЫЛ
(*ZIPHIUS CAVIROSTRIS*), СЕМ. *ZIPHIDAE*

Размер. Взрослое животное около 6 м, вес до 4 т. Самки крупнее самцов.

Форма тела. Тело цилиндрическое с небольшими грудными плавниками. **Клюв короткий, плавно переходящий в низкий лобный выступ жировой подушки**. Разрез рта короткий. **Имеется только одна пара конических зубов на переднем конце нижней челюсти**, которые, когда рот закрыт, выступают над верхней челюстью. Есть пара V-образных горловых складок.

Окраска. Очень изменчива. Встречаются одноцветно-черные, серые или голубовато-серые животные. На коже много непигментированных пятен различной величины. У старых особей голова и спина до спинного плавника светлые, почти белые.

Фин. Низкий изогнутый, смещен далеко назад.

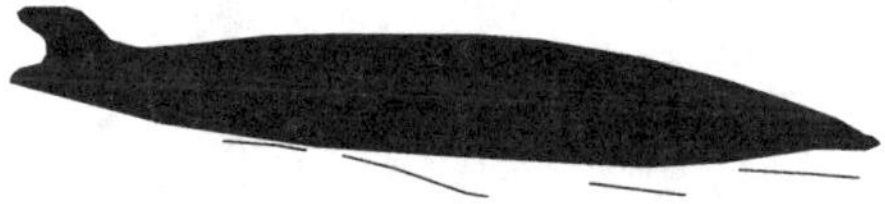

Фонтан. Низкий, незаметный, направлен слегка вперед и может быть заметен только после продолжительного ныряния.

Поведение. Обычно избегает судов. Иногда выпрыгивает из воды. Встречается небольшими группами или 2–1 животное.

Ныряние. После 2–3 фонтанов с интервалом в 10–20 с ныряет на 20–40 мин. При выходе на поверхность выставляет голову, но **клюв никогда не виден**. Перед продолжительным ныряем выставляет хвостовую лопасть.

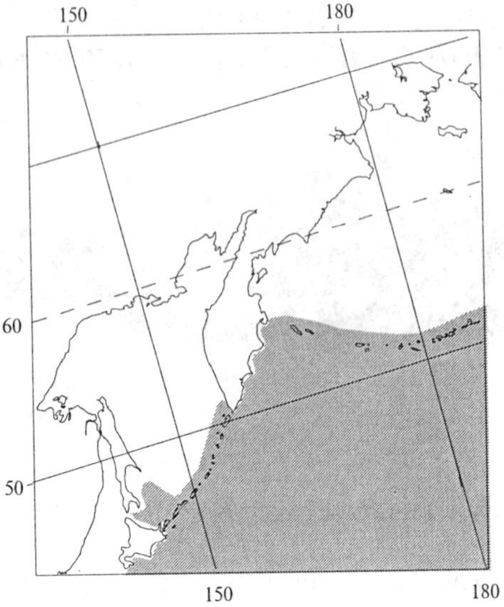

Распространение. Пелагический вид. Обитает в умеренных и тропических водах, глубина которых более 1000 м. В водах России известен у юго-восточной Камчатки и у Командорских островов, где почти ежегодны выбросы на берег.

Питание. Изучено плохо, однако известно, что питается преимущественно головоногими моллюсками, а также рыбами.

Размножение. Известно очень мало. Время спаривания и родов по всей вероятности, очень растянуто.

Численность. Неизвестна, но, по-видимому, стабильна.

КОМАНДОРСКИЙ РЕМНЕЗУБ
(*MESOPLODON STEJNEGERI*), СЕМ. *ZIPHIDAE*

Размер. Взрослое животное около 5 м, вес до 1,3 т.

Форма тела. Тело цилиндрическое, с небольшими грудными плавниками. **Клюв длинный, хорошо выраженный. Нижняя губа поднимается дугой от угла рта.** Имеется только одна пара больших плоских зубов на нижней челюсти, смещенных далеко назад.

Окраска. Однотонная, черная, на брюхе светлее. На общем черном фоне разбросаны светлые, вытянутые вдоль тела пятна, а также светлые следы царапин. Жировая подушка в области дыхала, передняя часть клюва и передняя кромка плавников могут быть белыми или серыми.

Фин. Низкий, изогнутый, смещен далеко назад.

Фонтан. **Низкий, незаметный.**

Поведение. Встречается небольшими группами из 2–15 животных. **Передвигается часто цепочкой.**

Ныряние. После промежуточных погружений ныряет на 10–15 мин.

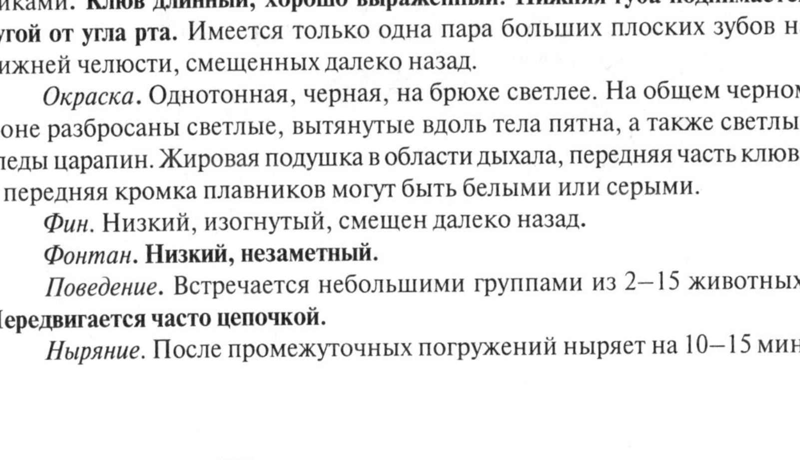

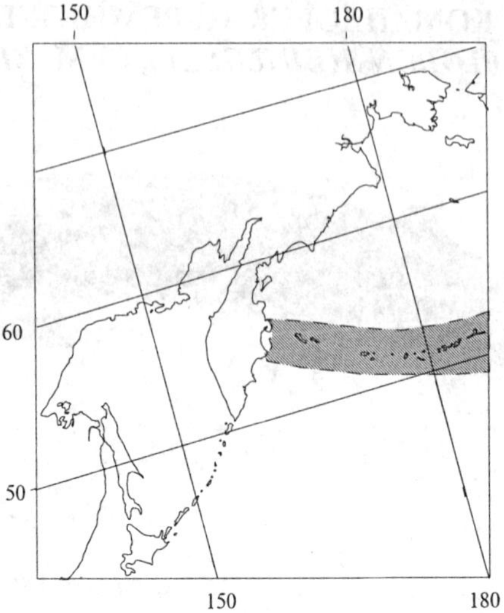

Распространение. Ареал слабо изучен. В водах России известен только у Командорских островов.

Питание. Питается преимущественно головоногими моллюсками, а также рыбами.

Размножение и численность. Неизвестны.

БЕЛУХА
(*DELPHINAPTERUS LEUCAS*), СЕМ. *MONODONTIDAE*

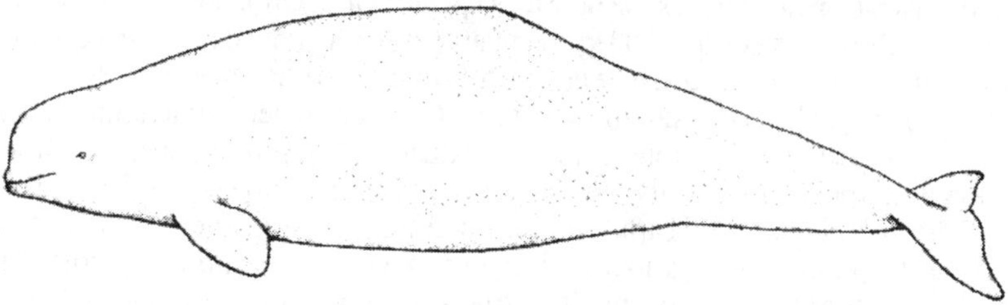

Размеры. Средний размер взрослого самца белухи 4 м, самки 3,7 м при весе до 1,5 т. Максимальный размер до 6 м. Новорожденный около 1,5 м. Самцы крупнее самок.

Форма тела. Тело крепкое **с небольшой округлой головой, снабженной высокой лобно-жировой подушкой и почти незаметным клювом.** Хорошо выражена шея. Грудные плавники короткие, широкие, округлые. Кожа толстая, покрыта разросшимся роговым слоем - «броня». Хвостовой плавник широкий, с выемкой, треугольный по форме.

Окраска. **Изменяется с возрастом от черной у новорожденных до чисто белой у взрослых животных.** Белухи белеют при длине тела 320–350 см и более.

Фин. **Спинного плавника нет.** Вдоль спины расположен узкий гребень с небольшим выступом на месте фина.

Фонтан. Фонтан белухи плохо виден. В спокойную погоду обнаруживается в виде короткой, пушистой быстро рассеивающейся вспышки высотой до 1 м.

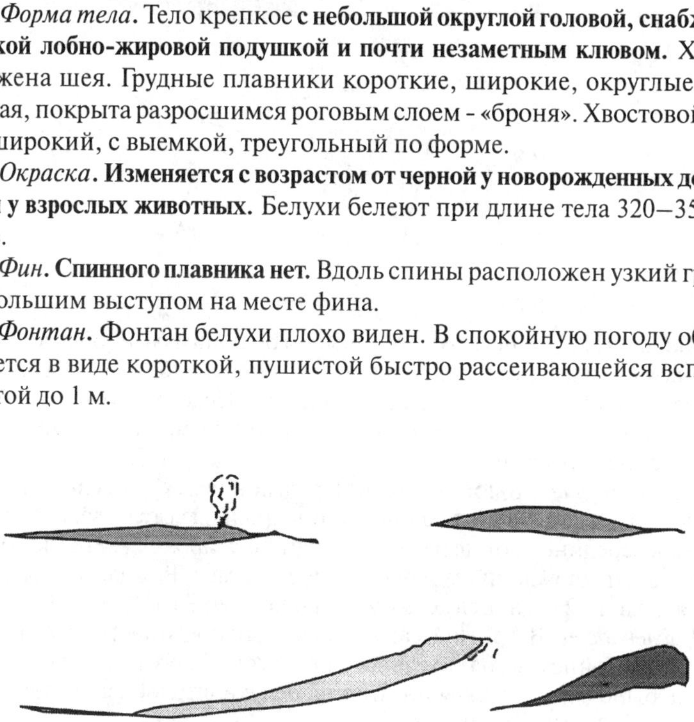

Поведение. У белухи **резко выражен стадный инстинкт**. Часто, особенно в периоды сезонных миграций, **образует большие (до 5 тыс. голов) скопления**. В стадах наблюдается дифференциация по полу и возрасту с образованием семейных микрогрупп. **На севере часто связана со льдами. Образует значительные группировки вблизи устьев крупных рек**. Способна подниматься по рекам до 300 и даже до 1000 км. Издает много звуков, слышимых иногда из-под воды. Часто организует коллективную охоту за рыбой.

Ныряние. Ныряние очень различно. Спокойно перемещающееся животное показывается на поверхности каждые 1–1,5 мин. Во время охоты за рыбой или в результате испуга белуха может пробыть под водой 20–25 мин.

Распространение. Циркумполярный вид. В Арктике совершает сезонные миграции. Ее можно видеть преимущественно в прибрежной зоне, а также в открытых водах среди льдов. В северо-западной части Тихого океана белуха встречается в Охотском, Беринговом, Чукотском морях.

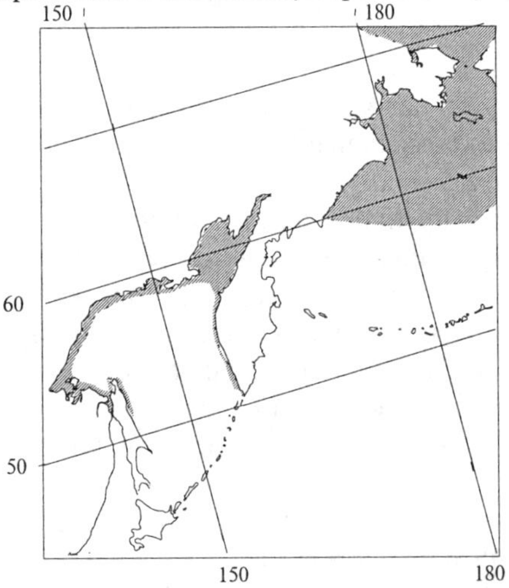

Питание. Питание белухи отличается большим разнообразием. В качестве корма использует большой спектр видов рыб и беспозвоночных. Наблюдается изменение спектра питания с возрастом. Молодые белухи питаются преимущественно беспозвоночными (креветки, моллюски, черви), взрослые – рыбами.

Размножение. Половая зрелость у самок белух наступает в 6 лет, у самцов – в 6–9 лет. Период размножения продолжается с весны до осени с пиком в середине–конце лета. Беременность продолжается 11–12 мес. Длительность кормления молоком от 6 до 12 мес. Рождается один детеныш каждые 1–2 года. Белуха может прожить до 70 лет.

Численность. В Арктике самый массовый представитель китообразных. Сколько-нибудь значительного промысла белухи в этом районе никогда не было. Арктическая популяция белухи в тихоокеанском секторе насчитывает 25–30 тыс. голов.

НАРВАЛ
(*MONODON MONOCEROS*), СЕМ. *MONODONTIDAE*

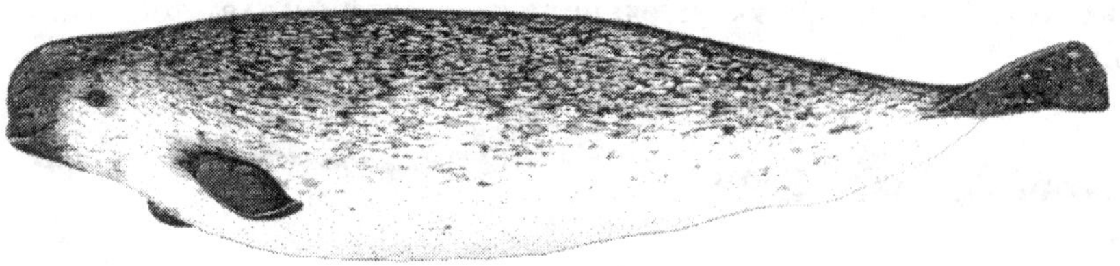

Самка

Голова самца

Размеры. Средний размер взрослого животного 3,8 – 5 м. Самцы крупнее самок. Самцы нарвала могут достигать 6,1 м, самки 4, 2 м. Новорожденный около 1,5 – 1,7 м.

Форма тела. Тело нарвала крепкое, цилиндрическое с небольшой округлой головой, которая снабжена высокой лобно-жировой подушкой, слегка выступающей над верхней челюстью, и почти незаметным клювом. **У самцов левый зуб верхней челюсти превращается в винтообразно закрученный бивень до 3 м длиной.** Шея слабо выражена. Грудные плавники короткие, ланцетовидные, их концы завернуты вверх. Хвостовая лопасть широкая, с выгнутой задней кромкой и хорошо выраженной выемкой.

Окраска. Окраска нарвала изменяется с возрастом от голубовато-серой у новорожденных до серой, с многочисленными темно-бурыми пятнами неправильной формы у половозрелых животных. На спине, и особенно на верхней части шеи и головы, пятна темнее и гуще. Старые животные почти белые с серыми пятнами.

Фин. **В форме слабо выраженного бугра**.

Фонтан. Фонтан слабый и почти неразличимый.

Поведение. Когда кормится, движется беспорядочно и на поверхности появляется на короткое время. Во время миграции идет быстро и остается долго на поверхности. Все члены группы выходят на поверхность и ныряют одновременно. Может отдыхать на воде более 10 мин, выставив часть спины или плавник. Рог может быть выставлен над поверхностью воды. Обычны прыжки, стояние на хвосте, хлопанье хвостовым плавником.

Ныряние. Нарвал обычно ныряет на 7–20 мин.

Распространение. Кругополярный вид, держится в основном севернее полярного круга. В Тихоокеанском секторе Арктики нарвал очень редок. Мигрирует на север по мере смещения ледовой кромки. Почти ничего не известно о распределении нарвала в зимний период. Встречается преимущественно в открытых водах.

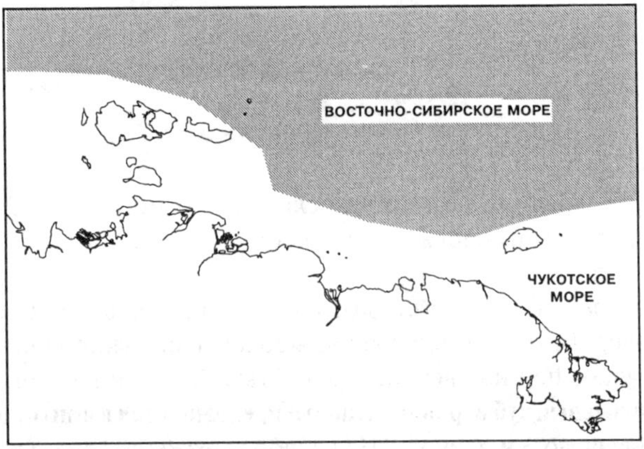

Питание. Материалы по питанию очень скудны. Основной пищей, вероятно, служат головоногие моллюски, в меньшей мере рыбы.

Размножение. Спаривание и деторождение могут происходить почти в любое время года. Продолжительность беременности неизвестна.

Численность. В российской Арктике нарвал очень редок, численность его неизвестна. Добывают его лишь случайно.

КАСАТКА
(*ORCINUS ORCA*), СЕМ. *DELPHINIDAE*

Размеры. Самый крупный представитель семейства дельфиновых, наибольшие самцы достигают 10 м, самки 8,2 м. Средние размеры самцов 8 м (8 т), самок 7 м (4 т).

Форма тела. Крепкое тело с необычно крупными спинными и грудными плавниками. Относительно небольшая, округлая голова с широкой мордой без клюва.

Окраска. **Резко контрастная.** Верх тела черный, с белым пятном за спинным плавником и позади глазницы. Брюхо и горло белые. В задней половине живота белая окраска в форме узких выступов заходит на бока хвостового стебля.

Фин. **Огромный, треугольный, расположен на середине спины.** У взрослых самцов это высокий равнобедренный треугольник до 2 м высотой, увеличивающийся с возрастом. У самок фин серпообразный и относительно меньших размеров, чем у самцов.

Фонтан. Пушистый, кустовидный, иногда столбчатый, высотой до 2 м.

Поведение. Касатки почти всегда держатся в составе групп от 3 до 40 животных. В плывущей группе животные часто располагаются в шеренгу или колонну, в которой ряд (3–6 голов) следует за рядом. Касатки охотятся всегда группой, стараясь окружить жертву. Изредка сопровождают двигающиеся суда и лодки.

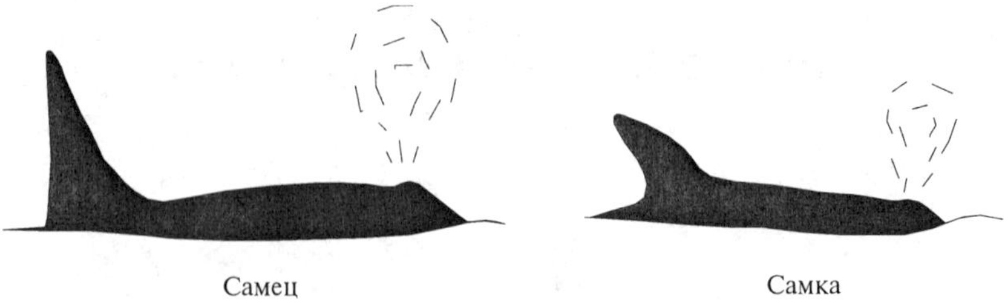

Ныряние. Периоды погружений очень разнообразны. Под водой животные обычно скрываются от 1–2 до 5–6 мин, после чего следуют от 2 до 6 промежуточных ныряний с короткими интервалами.

Распространение. Касатки распространены повсеместно в океанических и прибрежных водах Тихого океана. В моря полярного бассейна заходят в летний период.

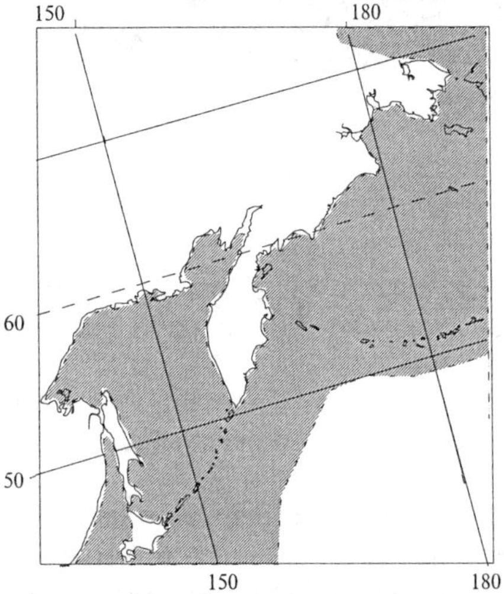

Питание. Касатки имеют необычайно широкий диапазон питания. Питаются разнообразными видами рыб, головоногих моллюсков, морских млекопитающих и даже птицами. Основной корм – рыбы и морские млекопитающие.

Размножение. Спаривание и щенка касаток сильно растянуты. Пик родов приходится на май–июнь. Беременность длится 13–16 мес. Рождается один детеныш в течение 2 лет и более. Кормление молоком более 12 мес. Половая зрелость наступает в 10–15 лет.

Численность и хозяйственное значение. Численность касаток в Беринговом и Чукотском морях ориентировочно оценивается в 4–8 тыс. голов. Динамика популяции стабильна. Этот вид никогда не подвергался регулярному промыслу.

ТИХООКЕАНСКИЙ БЕЛОБОКИЙ ДЕЛЬФИН (*LAGENORHYNCHUS OBLIQUIDENS*), СЕМ. *DELPHINIDAE*

Размеры. Относительно мелкий дельфин, длина тела в среднем до 2 м. Вес тела 70–80 кг. Длина новорожденного 0,9 м.

Форма тела. Крепкое стройное тело с удлиненной головой и **коротким, но хорошо выраженным клювом.**

Окраска. Окраска тела сильно изменчива. Обычно спина и клюв темные. Бока светло-серые. От основания плавников и от углов рта назад вдоль тела тянется по узкой черной полосе. По спине, начинаясь от боков дыхала, переходя на бока, тянутся две симметричные осветленные полосы («помочи»). Брюхо белое.

Фин. Расположен посередине тела, высокий, серповидно изогнут, двутоново окрашен. **Передняя треть спинного плавника черная, задние 2/3 светлые.**

Фонтан. Незаметен.

Поведение. Стадное животное. Часто образует смешанные стада с другими видами дельфинов от десятков до нескольких тысяч животных. **Нередко сопровождает суда, скользя на бегущей от форштевня волне.** Быс-

трый пловец, акробатичен, **при выходе на поверхность часто выпрыгивает по дуге («дельфинирование»).**

Распространение. Житель северной половины Тихого океана. Держится преимущественно вдали от берегов, однако часто заходит в бухты и лагуны.

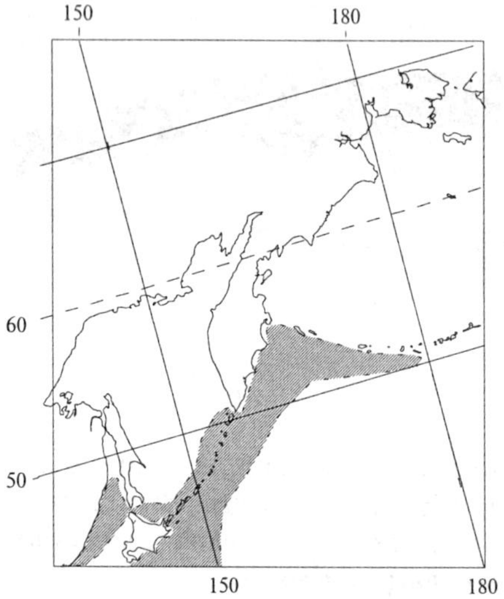

Питание. Преимущественно стайные рыбы и головоногие моллюски.

Размножение. Изучено плохо. Спаривание и деторождение происходят летом. Рождается один детеныш после 10–12-месячной беременности. Живет до 45 лет.

Численность и хозяйственное значение. Один из наиболее многочисленных видов северо-западной части Тихого океана, однако конкретная оценка отсутствует. Небольшой регулярный промысел осуществляется в водах Японии. Случайно попадает в сети рыбаков. Хорошо адаптируется к условиям неволи, обычен в океанариумах.

СЕРЫЙ ДЕЛЬФИН
(*GRAMPUS GRISEUS)*, СЕМ. *DELPHINIDAE*

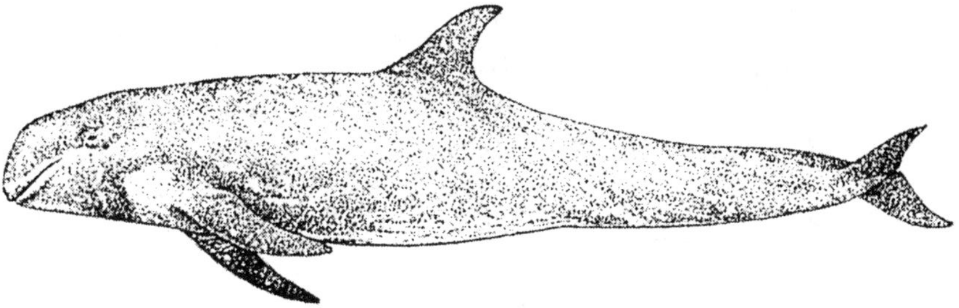

Размеры. Дельфин средних размеров, максимальная длина до 4,3 м. Новорожденный в среднем 150 см.

Форма тела. Крепкое плотное тело, с округлой головой. **Хорошо выраженная лобно-жировая подушка нависает над верхней челюстью. Клюв не выражен,** разрез рта косой. Грудные плавники длинные, узкие, серповидные.

Окраска. Наиболее темная на спине, светлее на голове и боках и светлая на брюхе. Все плавники темные. **На теле большое количество светлых царапин. У некоторых животных голова почти белая.**

Фин. Крупный, высокий, по форме треугольный с полукруглой выемкой по заднему краю, расположен на вершине спины. **Окраска фина однотонно серая.**

Фонтан. Не выражен.

Поведение. Житель открытого океана. Обнаруживается преимущественно в небольших группах, но может образовывать стада до нескольких десятков голов. Иногда сопровождает суда, скользя по вершине бегущей за судном волны.

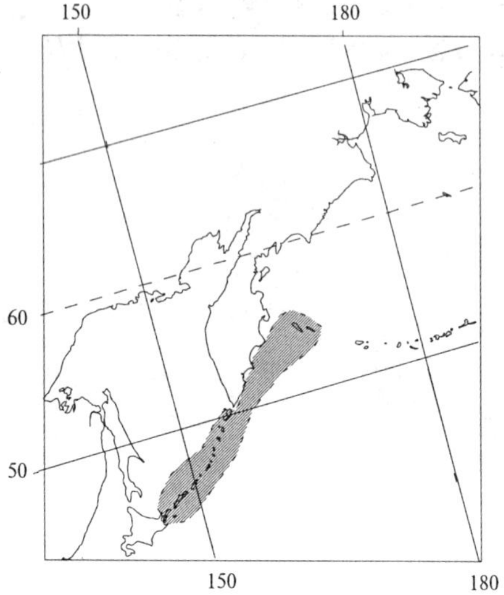

Ныряние. Ныряет надолго, после чего продолжительное время находится на поверхности.

Распространение. Редок, но широко распространен в северной части Тихого океана. Возможны встречи в Японском море, у Курильских и Командорских островов.

Питание. Преимущественно головоногие моллюски.

Размножение. Почти не изучено. Деторождение приурочено к зимнему периоду и происходит в теплых водах.

Численность и хозяйственное значение. Везде малочислен. Никогда не опромышлялся. Отдельные особи содержатся в океанариумах.

АФАЛИНА
(*TURSIOPS TRUNCATUS*), СЕМ. *DELPHINIDAE*

Размеры. Дельфин среднего размера, длина тела около 3 м. Длина новорожденного около 1 м.

Форма тела. Тело крепкое, массивное, обтекаемое. **Клюв средней величины, хорошо выражен, четко отделен бороздой от выпуклого лба.** Грудные плавники относительно широкие, по нижнему краю выпуклые.

Окраска. Темно-серая окраска спины переходит в серую на боках и почти белую на брюхе. Границы переходов бывают резко выражены.

Фин. **Высокий**, имеет глубокую вырезку по заднему краю, серповидно изогнут, **темно окрашен.** Расположен на вершине спины.

Фонтан. Не выражен. При выдохе под поверхностью воды иногда образует брызговые фонтанчики.

Поведение. **Населяет прибрежные воды** с относительно небольшими глубинами. Часто подходит к побережью, посещает заливы и лагуны. Стадное животное, **держится обычно в небольших группах** из десятка или несколько десятков голов. Лишь иногда образует агрегации до сотен голов. Относительно тихоходен. **При выходе на поверхность выставляется высоко, часто с прыжком.** Может совершать высокие, до 4 м и даже до 6 м, прыжки. Хорошо развит инстинкт взаимопомощи.

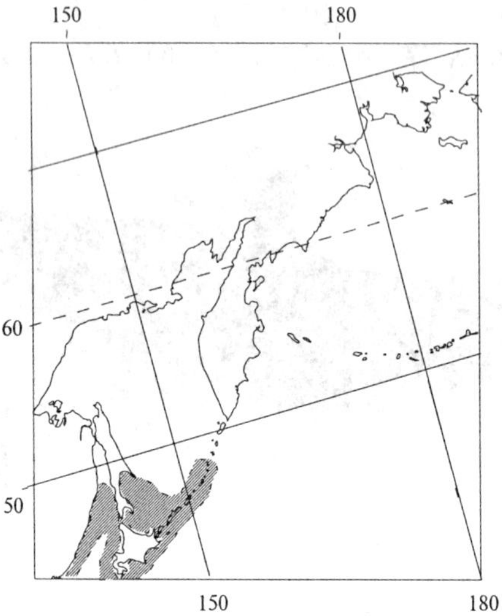

Ныряние. Ныряет на неравномерные промежутки времени в среднем до 6–7 мин, максимально 15–20 мин. **Погружаются дельфины обычно всей группой одновременно.**

Распространение. В Тихом океане афалина известна у берегов Японии, в прибрежных водах Кореи, у южной части Курильских островов и в южной части Охотского моря.

Питание. Питается преимущественно бентосными животными и донными рыбами.

Размножение. Период размножения сильно растянут. Роды и спаривание в теплое время года. Беременность около года. Период молочного кормления 4–6 мес. Самки приносят потомство 1 раз в 2 года. Половой зрелости достигают в 5–6 лет.

Численность и хозяйственное значение. Относительно малочислен. Число афалин, обитающих в северо-западной части Тихого океана, неизвестно. Регулярный промысел в течение многих лет велся только на Черном море. Хорошо адаптируется в неволе, широко содержится в океанариумах.

ОБЫКНОВЕННЫЙ ДЕЛЬФИН, ИЛИ ДЕЛЬФИН БЕЛОБОЧКА (*DELPHINUS DELPHIS*), СЕМ. *DELPHINIDAE*

Размеры. Мелкий дельфин, длина тела 160–180 см, вес 50–55 кг. Длина новорожденного 90 см.

Форма тела. Тело очень стройное, с удлиненной головой **и хорошо выраженным узким, длинным клювом.** Грудные плавники узкие, заостренные.

Окраска. Отличается большой вариабельностью. Сверху тело темное, снизу светлое и серое с волнистым рисунком по бокам. Темная окраска верхней части боков тела достаточно резко ограничена от светлой нижней. **От грудных плавников к нижней челюсти идет черная полоса. Глаза по переносице соединяет узкая темная полоса.**

Фин. Относительно высокий, с загнутой назад вершиной и глубокой вырезкой по заднему краю. **Окраска фина однотонно темная.**

Фонтан. Не выражен.

Поведение. **Один из самых быстроходных видов. При движении высоко выставляется из воды, часто с прыжком**. При выныривании по бокам тела образуются белые бурунчики. **Образует косяки до многотысячных, ныряет не синхронно, поэтому на поверхности видны постоянно выныривающие одиночки или группки дельфинов.** Ныряет на небольшую глубину и имеет короткие дыхательные паузы. **Сопровождая суда, группка обычно идет перед форштевнем, выпрыгивая в буруне.**

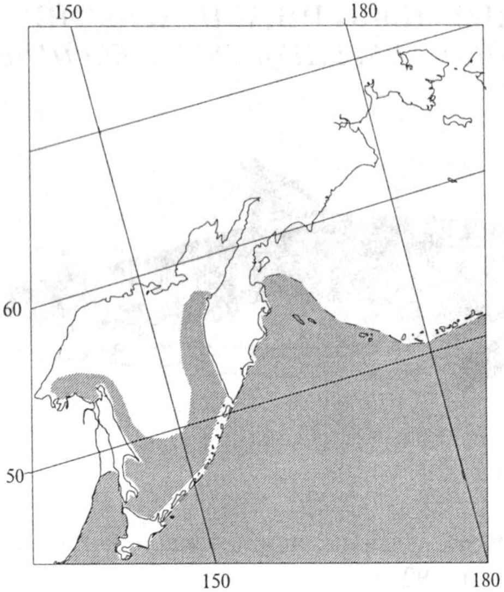

Распространение. В северо-западной части Тихого океана населяет воды Японского, Охотского и частично Берингова морей и Курильской гряды.

Питание. Типичный ихтиофаг. Питается преимущественно пелагическими рыбами, такими как анчоусы, сардина макрель, летучие рыбы, а также головоногими моллюсками и частично ракообразными.

Размножение. Роды проходят в мае–июле, спаривание – с июня по декабрь. Беременность 10–11 мес. Большинство самок приносит одного детеныша ежегодно. Лактация длится 4 мес. Половой зрелости самки достигают в 3 года, самцы – в 4 года.

Численность и хозяйственное значение. Численность в северо-западной части Тихого океана неизвестна. В значительных количествах добывался только в Черном море.

ПОЛОСАТЫЙ ПРОДЕЛЬФИН
(*STENELLA COERULEOALBA*), СЕМ. *DELPHINIDAE*

Размеры. Средний размер взрослых животных около 2 м, максимальный размер до 2,7 м. Длина новорожденного около 1 м.

Форма тела. Тело стройное, изящное, с узкой головой, слабо выпуклой жировой подушкой и длинным клювом. Грудные плавники узкие, относительно короткие, изогнутые.

Окраска. Спина и голова от светло-серой до темно-серой. Бока серые, светло-серые либо почти белые, контрастно отделены от спины. От спины позади фина вперед на бока, не достигая головы, тянется темная полоса. Брюхо белое. **На боках от глаза к основанию грудных плавников и от глаза к анусу тянутся две темные полосы.**

Фин. Расположен на середине тела, загнут вершиной назад. **Окрашен в тон со спиной.**

Фонтан. Не выражен.

Поведение. Очень слабо изучено. Похоже на поведение дельфинов-белобочек. Известно, что **образует крупные стада до нескольких тысяч животных. Часто выпрыгивает из воды**.

Распространение. Воды Тихого океана, у Курильских островов, возможно южные воды Берингова моря.

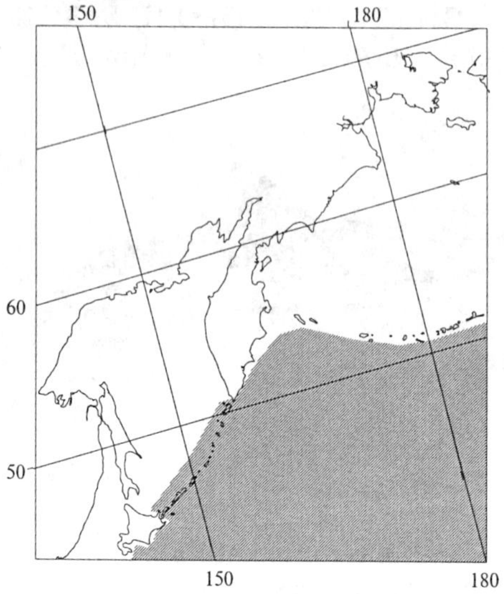

Питание. Основу питания, по-видимому, составляют рыбы и головоногие моллюски.

Размножение. Почти ничего не известно.

Численность и хозяйственное значение. Численность неизвестна. Некоторое количество этих дельфинов добывается в водах Японии.

ТИХООКЕАНСКАЯ ГРИНДА
(*GLOBICEPHALA MELAENA*), СЕМ. *DELPHINIDAE*

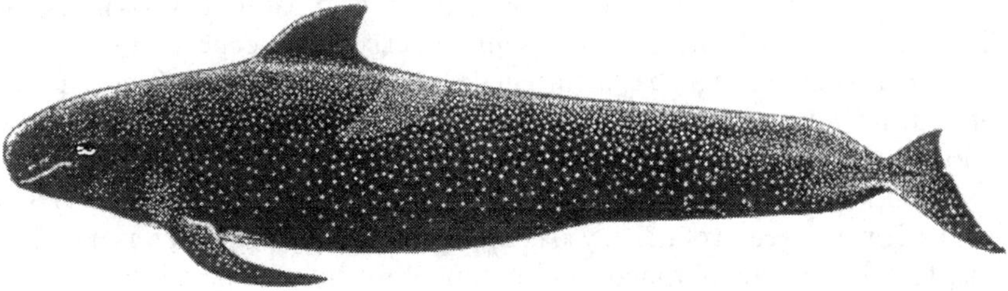

Размеры. Один из самых крупных представителей семейства настоящих дельфинов. Средняя длина тела 6,2 м. Самцы немного крупнее самок. Длина новорожденного 1,8 м.

Форма тела. Тело удлиненное, утолщенное в передней половине. **Шаровидная спереди голова имеет едва заметный клюв.** Ротовая щель короткая, косо направленная. Грудные плавники длинные и узкие. Хвостовой стебель сжат с боков и имеет хорошо выраженный гребень.

Окраска. **Однотонно темная, почти черная,** сверху более темная, чем снизу. На брюхе имеется узкая серая полоса, расширяющаяся в пятно на горле и между грудными плавниками, что все вместе напоминает по форме якорь.

Фин. **Низкий и широкий, сильно вытянут вдоль тела, толстый.** Расположен впереди на границе передней трети тела.

Фонтан. **Быстрый, как вспышка,** похож на кустик высотой до 1–1,5 м.

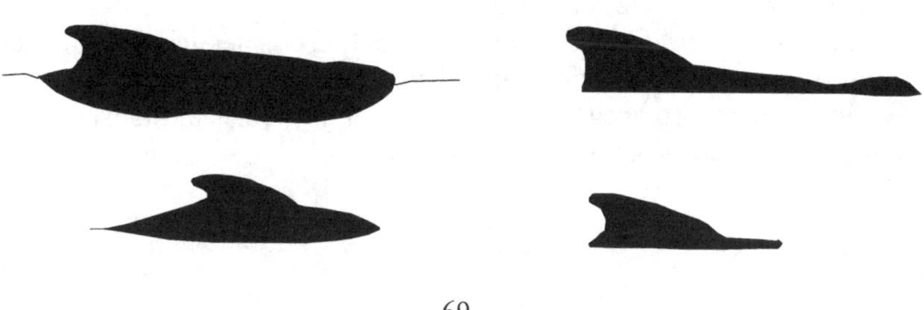

Поведение. **Держится стадами** от нескольких особей до нескольких тысяч голов. Часто образует стада с другими видами дельфинов. Иногда отдельные животные «стоят» в воде, вертикально выставив голову до грудных плавников. Некоторые животные хлопают по поверхности воды хвостом. При нырянии хвостовой лопасти не показывают. **К судам не подходят.** Гринды чаще других китообразных обсыхают на берегу.

Ныряние. Ныряет на сравнительно долгий период (10–15 мин). После выхода на поверхность делает 8–10 промежуточных погружений. Зафиксирована максимальная глубина ныряния – 609 м.

Распространение. Распространена очень широко. В северо-западной части Тихого океана обитает у южной Камчатки, в водах Курильской гряды, Командорских островов и Японии, Японском море в районе прол. Лаперуза. В ледовой зоне высоких широт отсутствует.

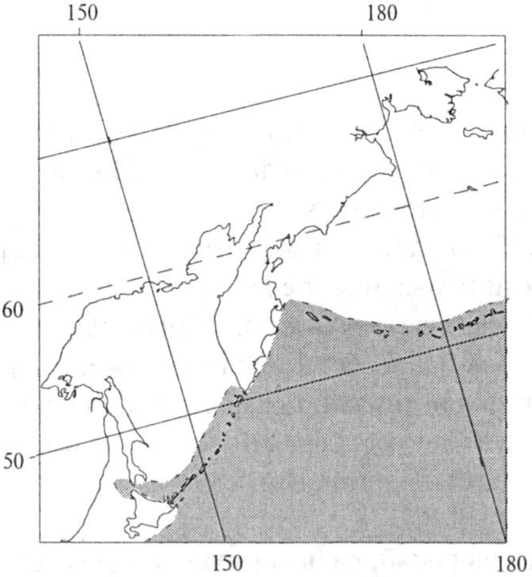

Питание. Почти исключительно кальмары в скоплениях. Когда недоступны кальмары, в небольших количествах поедаются рыбы.

Размножение. Основная масса самок рожает в августе. Пик спаривания приходится на весну. Беременность длится 16 мес. Рождается один детеныш в 2–3 года. Молочное кормление длится около 20 мес. Половой зрелости самки достигают к 6, самцы к 12 годам.

Численность и хозяйственное значение. Вид обычен на всем занимаемом огромном ареале, однако конкретные данные о его численности отсутствуют. Большого хозяйственного значения не имеет, добыча носит преимущественно случайный характер.

СЕВЕРНЫЙ КИТОВИДНЫЙ ДЕЛЬФИН (*LISSODELPHIS BOREALIS*), СЕМ. *DELPHINIDAE*

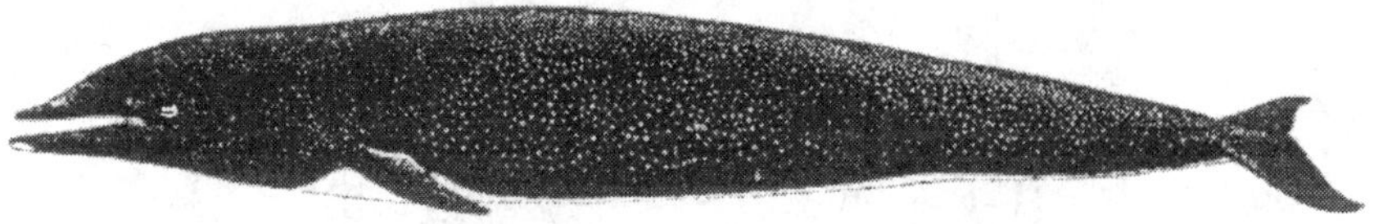

Размеры. Около 2,4–2,5 м.

Форма тела. **Тело стройное, сильно вытянутое. Голова с низкой, пологой жировой подушкой, покато заканчивающейся коротким и слабовыраженным клювом.** Грудные плавники серповидные.

Окраска. Почти все **тело черное.** От горла и до хвоста по брюшной стороне проходит узкая почти белая полоса. На уровне грудных плавников полоса расширяется в белое пятно ромбовидной формы.

Фин. **Отсутствует.**

Фонтан. Незаметен.

Поведение. Держатся небольшими группами вдали от берегов. **Исключительно быстрый и живой дельфин, характерно частое выпрыгивание полностью из воды**.

Ныряние. Не изучено.

Распространение. Житель северной части Тихого океана. Известен в водах Японии, в Японском море, вдоль Курильских островов, где чаще встречается со стороны океана.

Питание. Питается, по-видимому, пелагическими стайными рыбами, в меньшей степени головоногими моллюсками.

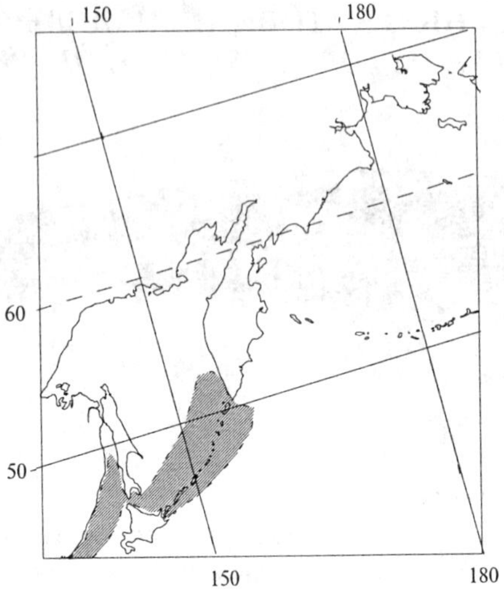

Размножение. Не изучено.

Численность и хозяйственное значение. Сравнительно редок на большей части ареала. В наибольших количествах встречается на юге, в частности вблизи Японии. Регулярно в небольших количествах промышляется только у берегов Японии вместе с другими видами.

МОРСКАЯ СВИНЬЯ
(*PHOCAENA PHOCAENA*), СЕМ. *PHOCOENIDAE*

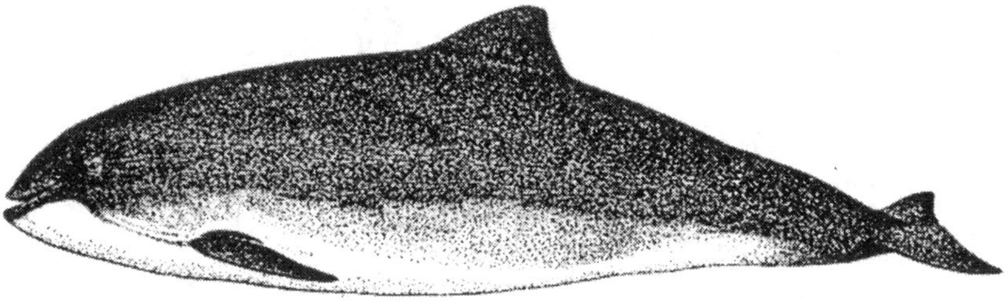

Размеры. Самки достигают 180 см, самцы – 167 см. Средние размеры 130–150 см. Самки на 7–12 см крупнее самцов. Наибольший вес 90 кг.

Форма тела. Небольшие тупорылые дельфины с **незаметным клювом** и низкой лобной подушкой. Имеют остроконечные небольшие грудные плавники и относительно небольшую хвостовую лопасть.

Окраска. От темно-серого до черного на спине с постепенным переходом к светлым тонам на боках и к белому на брюшной стороне.

Фин. Сравнительно **низкий, треугольный,** на вершине почти прямоугольный, расположен на середине длины тела.

Фонтан. Фонтанов не дает. В тихую погоду можно слышать шум выдоха-вдоха.

Поведение. Скорость хода сравнительно невелика**, при выныривании из воды не выпрыгивает.** На поверхности сильно изгибается, выставляя выпуклую спину. В воду входит под большим углом, создается впечатление, что животное кувыркается. Морская свинья пуглива, держится вблизи от берегов, суда не преследует или делает это крайне редко. Довольно часто обсыхает на берегу. Держится обычно небольшими группами от 2 до 10 животных.

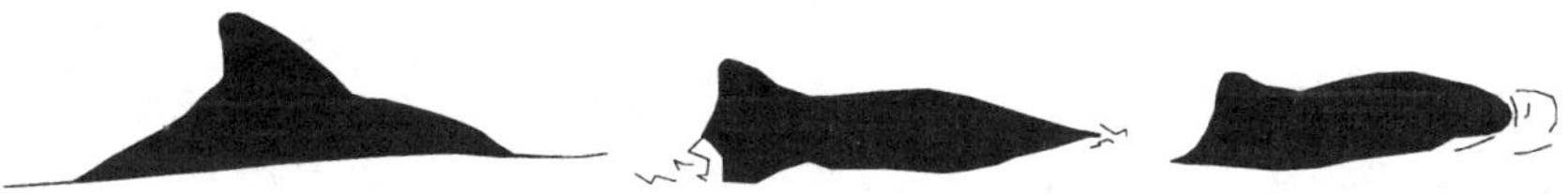

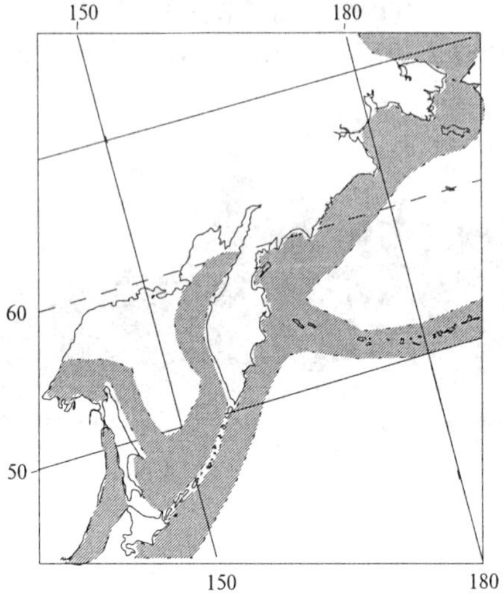

Ныряние. Длительность пребывания под водой до 6 мин. Длительность выставления из воды 0,2 с. Ныряет часто, но не глубоко – до 50–75 м.

Распространение. Распространена в прибрежной зоне холодных вод северной части Тихого океана. Держится в прибрежье над глубинами до 100 м. Избегает открытого моря, иногда заходит в реки.

Питание. Морская свинья питается преимущественно рыбой (сельдь, сайка, навага и т.д.) и придонными беспозвоночными. В пищевой рацион входят также кальмар и пластинчато-жаберные моллюски.

Размножение. Основной сезон размножения – лето. Время спаривания растянуто с июня до октября, максимум в августе. Время родов от конца апреля до октября, наибольшая интенсивность родов в августе. Длина новорожденных 63–86 см. Кормление молоком продолжается 8 мес. Половая зрелость наступает в 3–5 лет. Родится один детеныш в год после 10–11-месячной беременности. Продолжительность жизни до 15 лет.

Численность и хозяйственное значение. У побережья северной части Тихого океана обычна, однако численность морской свиньи неизвестна. Попадает в рыболовные сети.

БЕЛОКРЫЛАЯ МОРСКАЯ СВИНЬЯ (*PHOCOENOIDES DALLI*), СЕМ. *PHOCOENIDAE*

Размеры. Средний размер взрослого животного 2 м. Средний вес около 100 кг.

Форма тела. Крепкое тело, выглядит несколько увеличенным по толщине в средней части. **Небольшая, округлая голова без клюва**, относительно небольшие грудные и хвостовой плавник. **Хвостовой стебель имеет высокие** (верхний и нижний) **килевидные гребни.**

Окраска. **Резко контрастная.** Спина, голова, верхняя половина хвоста черные. **Резко ограниченная белая окраска брюха и боков туловища.** Хвостовая лопасть по заднему краю часто с белой каймой.

Фин. **Имеет форму низкого равнобедренного** треугольника, у которого высота несколько меньше основания. **Окраска частично или полностью белая**.

Фонтан. Незаметен.

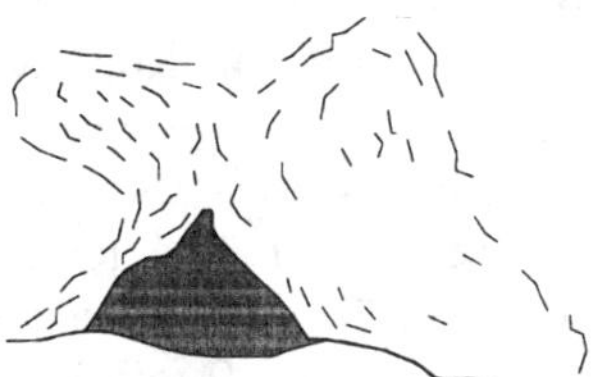

Поведение. Белокрылые морские свиньи держатся небольшими группами из 3–5 голов. **Быстрые, энергичные пловцы. При выходе на поверхность на большой скорости создают брызговой гребень.** Вместе с тем могут медленно перекатываться по поверхности. **Часто подходят к судам и сопровождают их, двигаясь на большой скорости у форштевня**.

Ныряние. Животные обычно ныряют на 2–4 мин. Часто появляются на поверхности. Глубина ныряния неизвестна.

Распространение. В северо-западной части Тихого океана белокрылая морская свинья распространена от Японских островов до Охотского, Берингова, Чукотского морей. Севернее Алеутских островов численность заметно уменьшается. Обитает как в прибрежной зоне, так и вдали от берегов.

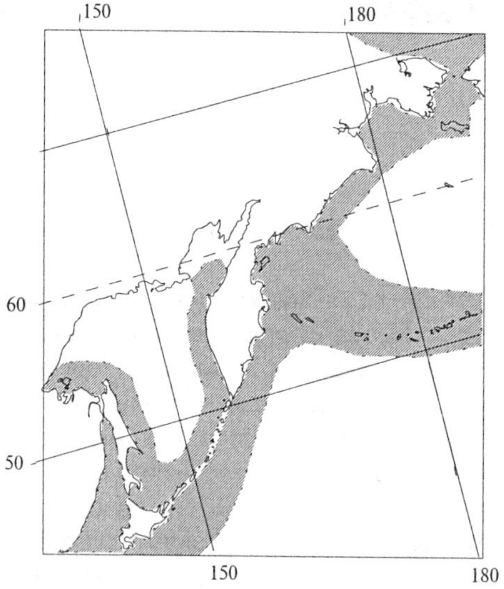

Питание. Белокрылая морская свинья питается головоногими моллюсками и разнообразными видами рыб.

Размножение. Половая зрелость наступает в 3–4 года. О периоде размножения почти ничего неизвестно. Рождается один детеныш после 11–12 мес беременности. Кормление молоком длится 2–4 мес. Живет до 20 лет.

Численность и хозяйственное значение. Общая численность не определена. На всем ареале вид достаточно многочислен. Регулярного промысла никогда не было. Небольшое количество белокрылых морских свиней добывается в водах Японии.

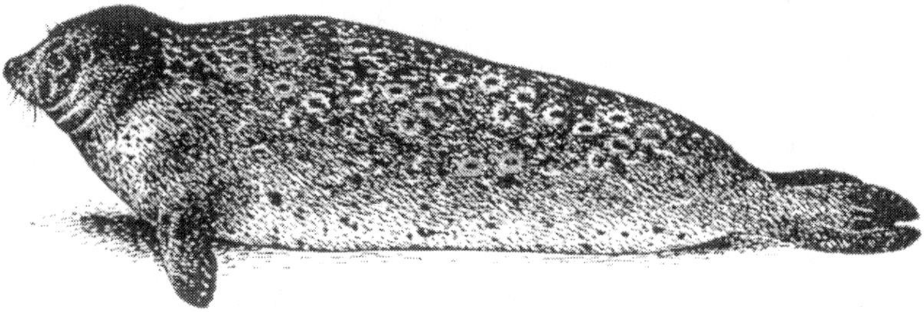

ОТРЯД ЛАСТОНОГИХ

ХАРАКТЕРИСТИКА ОТРЯДА ЛАСТОНОГИХ

Отряд ластоногих объединяет млекопитающих относительно крупного и среднего размера, хорошо приспособившихся к жизни в воде. Большую часть жизни они проводят в воде, однако все эти виды на некоторое время в году сохранили связь с сушей или льдом для спаривания, деторождения и выкармливания детенышей. Многие их анатомические особенности несут в себе компромисс между морским и наземным образом жизни. Внешне ластоногие сохранили многие черты наземных хищников. Ластоногие имеют четыре перепончатых ласта, используемых для передвижения как в воде, так и на суше. У них хорошо обтекаемая веретенообразная или каплевидная форма тела. Их органы чувств приспособлены к функционированию в воде и на суше. Большие и хорошо развитые глаза позволяют питаться и в мутной, и в прозрачной воде. Хвост и наружные ушные раковины маленькие. Ластоногие сохранили конические зубы, адаптированные для схватывания и удержания скользких объектов питания. Все имеют волосяной покров, однако у большинства видов он потерял термоизоляционную функцию, которую выполняет толстый слой подкожного жира.

Таксономия ластоногих северо-западной части Тихого океана

Ластоногие *Pinnipedia*

Сем. моржей *Odobenidae*	Сем. ушастых тюленей *Otariidae*	Сем. настоящих тюленей *Phocidae*
Тихоокеанский морж *Odobenus rosmarus*	Сивуч *Eumetopias jubatus*	Ларга *Phoca vitulina largha*
	Северный морской котик *Callorhinus ursinus*	Обыкновенный тюлень, или антур Phoca vitulina vitulina
		Морской заяц, или лахтак *Etignatus barbatus*
		Крылатка *Phoca fasciata*
		Акиба *Pusa phispida*

МОРФОЛОГИЯ ЛАСТОНОГИХ

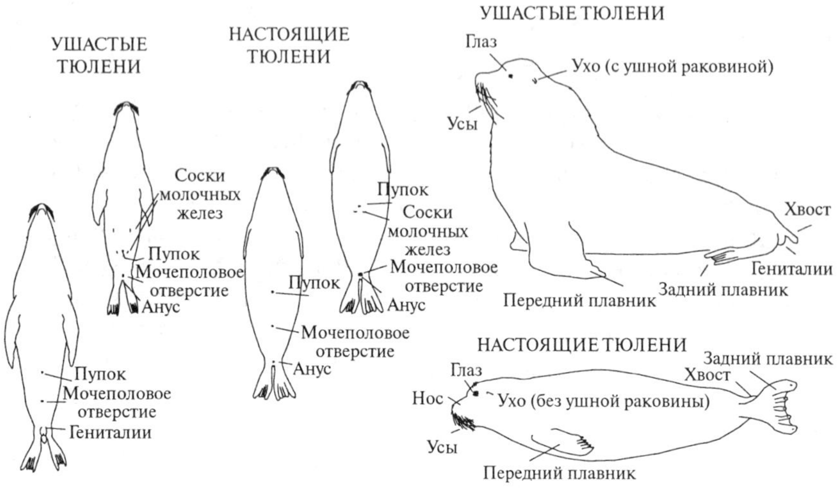

Ластоногие широко распространены от льдов до тропиков, в прибрежных и пелагических водах и могут жить как оседло, так и мигрируя. Большинство видов населяет холодные и умеренные воды. Эти животные имеют широкий спектр питания и могут глотать добычу как целиком, так и кусками. Большинство ластоногих хорошо приспособлены к продолжительному и глубокому нырянию. Это обусловлено широким спектром морфологических и физиологических приспособлений, в частности большим объемом крови и сокращением частоты сердечных сокращений во время ныряния.

В водах северо-западной части Тихого океана представлены все 3 семейства настоящих тюленей.

Семейство ушастых тюленей – в российских водах встречаются представители двух моновидовых родов: сивучей и северных морских котиков. У представителей семейства размеры самцов вдвое превышают размеры самок. Удлиненная голова имеет наружные ушные раковины, пропорциональна по размерам телу и помещена на длинную подвижную шею. Обе пары конечностей длинные, оканчиваются кожно-хрящевой оторочкой и способны подгибаться под туловище. Эти животные плавают, используя длинные передние конечности (ласты) преимущественно для движения, а задние для управления. На суше эти животные подвижны, используют все четыре конечности. Волосяной покров относительно густой, имеет остевой, а морские котики и пуховой волос.

Семейство настоящих тюленей включает зверей от самых мелких до самых крупных размеров. В российских водах Берингова и Чукотского морей встречаются представители 3 родов: морских зайцев, обыкновенных тюленей, нерп. У настоящих тюленей короткая толстая шея заканчивается округлой головой с заостренной мордой. Они не имеют видимых ушных раковин. Шейный перехват слабо выражен. Передние и задние конечности короткие, задние вытянуты назад и не могут подгибаться под туловище. Волосяной покров новорожденных длинный, густой, у большинства видов белый. Взрослые животные покрыты короткой шерстью, пуховой слой почти отсутствует. Половой диморфизм развит слабо, самцы и самки почти одинаковых размеров. Роды происходят преимущественно на льду или на берегу. Щенки растут очень быстро и становятся самостоятельными сразу после прекращения лактации.

Семейство моржей представлено крупными животными, у которых короткая мощная шея заканчивается относительно небольшой головой. Шейный перехват выражен слабо. Наружных ушных раковин нет. Толстая кожа образует много складок и морщин. Имеются два больших верхних клыка, направленных вертикально вниз. Передние и задние конечности длинные с кожистой оторочкой. Задние конечности могут подгибаться под туловище. Волосы очень редкие и жесткие.

ТИХООКЕАНСКИЙ МОРЖ
(ODOBENUS ROSMARUS), СЕМ. *ODOBENIDA*

Размеры. Средний размер самцов около 3,8 м при весе 1 т. Средний размер самок 2,8 м, вес 650 кг. Размер новорожденных 1,2 м, вес 65 кг.

Форма тела. Крепкое, плотное, покрытое кожными складками тело с короткими грубыми волосами. Слабо выраженная шея заканчивается относительно небольшой, округлой головой. На передней части морды большое количество толстых вибрисс. **И самцы, и самки имеют по два больших, выходящих из углов рта бивня, направленных отвесно вниз**. Глаза маленькие, отодвинуты далеко назад. **Грудь и шея взрослых самцов усеяны крупными кожными наростами – шишками.**

Окраска. Окраска старых моржей грязновато-коричневая, после нахождения в холодной воде почти белая, определяется цветом их кожи. Моржата рождаются темно-серыми.

Поведение. **Стадное животное, образует на льду или берегу залежки различной продолжительности.** Летом крупные скопления образовывает

на воде. **По твердому субстрату морж передвигается, используя подогнутые под туловище задние ласты, опираясь на все четыре конечности.** Для подъема на лед и сушу в качестве опоры использует бивни.

Распространение. Обитатель Арктики. Населяет континентальный шельф и прибрежье. Моржи зимуют на льдах юго-западной и юго-восточной части Берингова моря, откуда весной мигрируют в Чукотское море для летнего нагула. Часть популяции проводит лето на береговых лежбищах в Беринговом и Чукотском морях. Для щенки, отдыха и питания предпочитает использовать многолетние прочные плавучие льды, где образует плотные скопления. Если лед недоступен, использует береговые залежки.

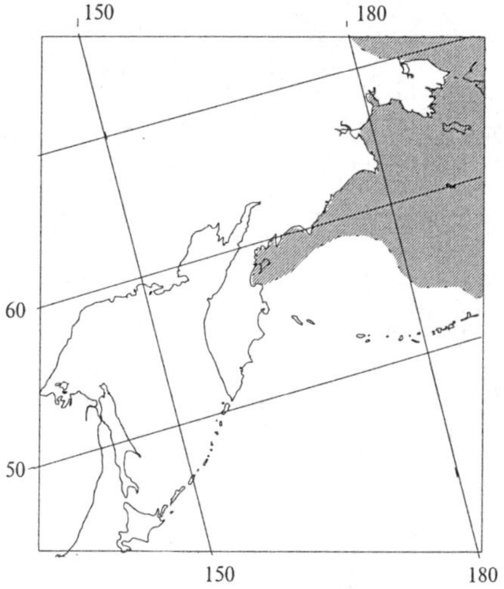

Питание. Моржи питаются преимущественно донными беспозвоночными животными. Наибольшее значение имеют моллюски, а затем ракообразные. Реже используется рыба, а отдельные моржи-хищники поедают тюленей и птиц. В процессе питания для раскапывания дна используют клыки.

Размножение. Половая зрелость у самок наступает в возрасте 5 лет, у самцов – 7–9 лет. Полигам, период спаривания растянут с апреля по июнь.

щенка происходит почти в тот же период. Период беременности около 12 мес. Цикл размножения сложный – от ежегодного деторождения у молодых самок до 1 щенка в 2–3 года у зрелых животных.

Численность и хозяйственное значение. В последнее время численность популяции тихоокеанского моржа стабилизировалась на уровне приблизительно 200–240 тыс. голов. В прошлом в результате неумеренного промысла запасы тихоокеанского моржа были сильно подорваны, однако своевременный запрет коммерческого промысла позволил восстановить их численность до близкой к первоначальному уровню.

СИВУЧ
(*EUMETOPIAS JUBATUS*), СЕМ. *OTARIIDAE*

Размеры. Ярко выражен половой диморфизм, длина тела самца в среднем на 1 м превышает длину тела самки. Длина тела взрослых самцов превышает 3 м. Максимальный вес до 1 т. Длина тела самок до 2,6 м при весе до 320 кг.

Форма тела. **Тело массивное, шея длинная и подвижная.** У самцов на загривке и плечах остевые волосы удлинены и образуют подобие гривы. Удлиненная **голова заканчивается короткой, широкой и тупой мордой** с несколько вздернутым носом.

Окраска. Окраска меняется в зависимости от пола и возраста. У новорожденных темно-бурая. С увеличением возраста животные светлеют. Неполовозрелые животные светло-коричневые, **взрослые от светло-коричневого до соломенного цвета.** Летом волосяной покров светлее, чем зимой. У самцов зимой преобладают коричневые и шоколадные тона.

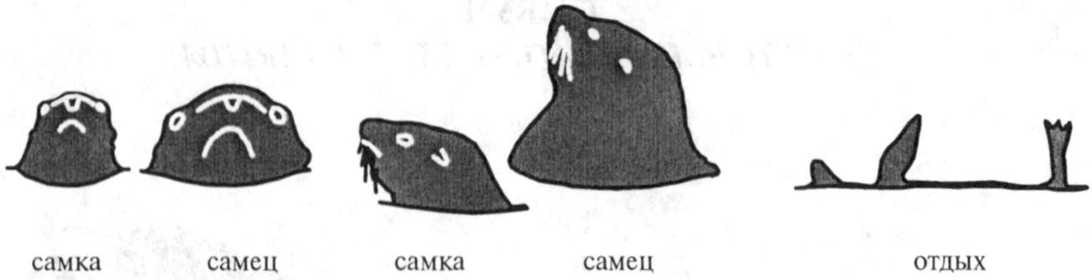

Поведение. Полигам**, в период размножения образует береговые гаремные лежбища**, которые обычно формируются на труднодоступных с берега необитаемых островах или каменистых мысах. Формирование лежбища сопровождается жестокими боями. Звери постоянно ревут, так что шум от лежбища слышен за несколько миль. **Самцы ревут густым протяжным далеко слышным басом,** голос самок тоньше, детеныши кричат тонко, раскатисто. **Сивучи никогда не лают**. В море животные заняты преимущественно поисками пищи. Иногда сивучей видят на льдах, где они ведут себя очень спокойно.

Распространение. Житель преимущественно прибрежных вод северной части Тихого океана. Встречается от берегов севера Корейского полуострова, вдоль побережья Камчатки до Анадырского залива. Отмечены заходы до Берингова пролива. Протяженных миграций сивучи, по-видимому, не совершают, однако имеют место перекочевки и дальние заходы одиночек, обычно холостяков.

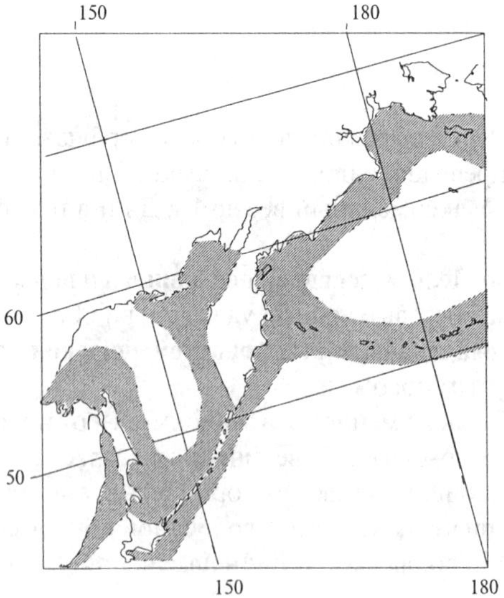

Питание. Питается преимущественно рыбами и головоногими моллюсками. Зарегистрированы случаи нападения сивучей на птиц и даже тюленей, но в последнем случае это носит случайный характер. В 90-е годы звери начали скапливаться вблизи рыболовных траулеров, поедая пойманную рыбу и отходы рыболовного производства, попадают в тралы.

Размножение. Половая зрелость у самцов 6–8 лет, у самок 4–5 лет. Рост прекращается в возрасте 15–20 лет. Продолжительность жизни сивучей не установлена. Размножение с конца мая до конца июня на береговых лежбищах. Детеныши рождаются в первые дни после выхода самок на лежбище. Длина новорожденного 100–120 см. Лактация около года. Беременность 12 мес, рождение животных может быть ежегодным, однако до 25% самок могут не участвовать в размножении.

Численность и хозяйственное значение. В 60-х годах в северной части Тихого океана общее количество береговых лежбищ сивучей достигало 160, из которых в водах России насчитывалось до 50. В Беринговом море численность сивучей оценивалась в 35 тыс. голов. В последние десятилетия по непонятным причинам их численность сильно снизилась. Сивуч практически не промышляется. В прошлом единично зверей добывали во время промысла настоящих тюленей.

СЕВЕРНЫЙ МОРСКОЙ КОТИК (*CALLORHINUS URSINUS*), СЕМ. *OTARIIDAE*

Размеры. Ярко выражен половой диморфизм, самцы значительно крупнее самок. Средняя длина самца (секача) около 2 м, масса 200 кг, самки 1,3 м и 40–50 кг. Новорожденные 0,6 м, массой 5–6 кг.

Форма тела. Относительно небольшой **ушастый тюлень с развитым мехом и непропорционально длинными передними плавниками.** Ушные раковины узкие, заостренные, обозначены лишь слегка и низко опущены почти до шеи. **Голова округлая, с большими глазами и коротким коническим носом. Взрослые самцы имеют на шее утолщение и меховую гриву.**

Окраска. В окраске молодых зверей, а также взрослых самок преобладают серебристые и темно-бурые тона. Секачи имеют однотонную сероватую, желто-бурую или буро-черную окраску. В воде котики выглядят черными. Усы у новорожденных и молодых животных черные, с возрастом светлеют и к 6–8 годам становятся желто-бурыми.

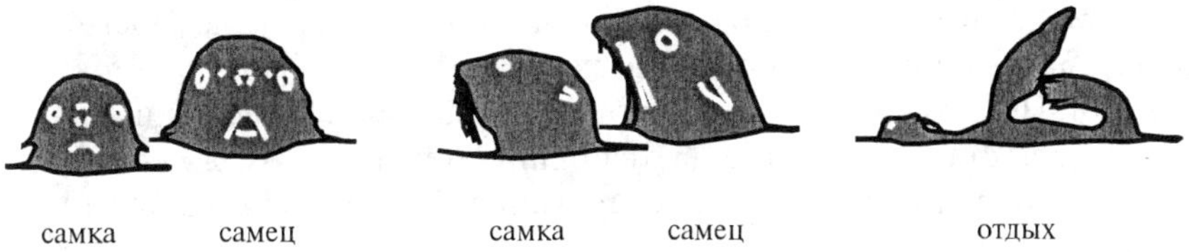

Поведение. **В море держится в основном одиночно или маленькими группами,** любопытен. Взрослые животные выходят на берег, образуя лежбища для деторождения и спаривания. Время ныряния до 7 мин, при этом северный морской котик может погружаться на глубину до 180 м. **Спит на поверхности с выставленным носом и поднятыми над поверхностью воды плавниками. При быстром плавании в воде обычно дельфинирование (высокие и длинные выпрыгивания из воды).**

Распространение. **Преимущественно пелагический вид, 7–9 мес в году проводит в открытом море.** Для размножения использует Курильские, Командорские, Алеутские острова, а также о-в Тюлений у южной оконечности о-ва Сахалин. Для котиков характерны дальние сезонные миграции с мест летних береговых лежбищ в районы зимовки, расположенные в открытых районах Тихого океана и Японского моря.

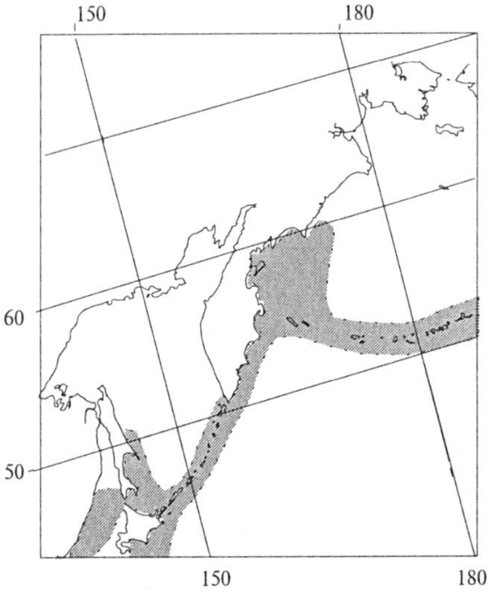

Питание. Питается преимущественно в предрассветный период и утром. Днем отдыхает. В рацион входит большое количество видов рыб и головоногих моллюсков.

Размножение. Размножение котиков происходит на береговых лежбищах. Половая зрелость у самок наступает в 4–5 лет, у самцов – в 5–6 лет. Период размножения протекает с первой половины июня до начала августа. Обычно рождается один детеныш. Спустя несколько дней после родов, происходит спаривание. Беременность длится почти год.

Численность и хозяйственное значение. В разгар периода размножения на Командорских островах численность котиков составляет 180–200 тыс., на о-ве Тюлений – до 100, на Курильских островах – более 15–17 тыс. голов. Промысел котиков в этом районе ограничен 4,2 тыс. голов.

ЛАХТАК, ИЛИ МОРСКОЙ ЗАЯЦ (*ERIGNATUS BARBATUS*), СЕМ. *PHOCIDAE*

Размеры. Один из крупных представителей семейства настоящих тюленей. Средняя длина тела самцов 2,2 м, самок 2,1, новорожденных 1,2 м.

Форма тела. **Туловище массивное. Голова относительно небольшая с пышными длинными вибриссами.** Передние ласты небольшие, квадратные, с массивными когтями.

Окраска. Однотонная от светло-серого до темно-серого, почти черного, постепенно переходящая в более светлую на брюхе. Голова и шея с рыжеватым оттенком, с характерными белесыми просветлениями. **На серебристом фоне лицевой поверхности головы молодых животных заметны**

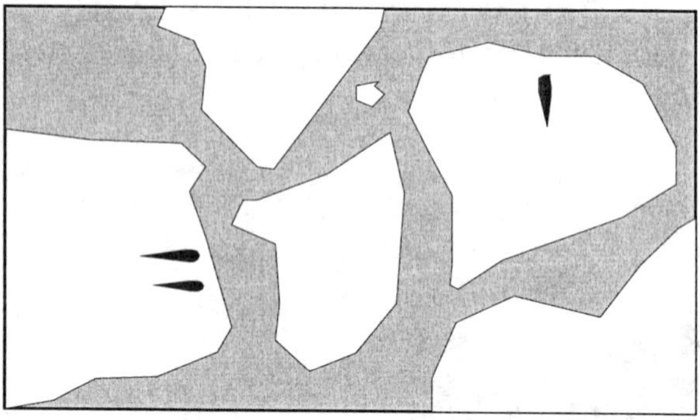

Залежка лахтака на льду

темноокрашенные переносье и надбровье, по форме напоминающие букву Т. На спине располагаются несколько неясно выраженных иногда отчетливых белесоватых пятен.

Поведение. На дрейфующих льдах лежат одиночно, за исключением пар матерей и детенышей. На льду лежат обычно у кромки льдины или у проталины головой к воде. При опасности стремятся к краю льдины и, не останавливаясь, уходят в воду. По льду или земле лахтак, передвигаясь, изгибает спину, подтягивая заднюю часть тела, делает своеобразный «скачок» вперед. На лед не выпрыгивает, а тяжело взбирается, ударяя по воде задними ластами. **По поверхности воды плывет, выставляя голову и спину**. Продолжительность ныряния до 20 мин, глубина погружения неизвестна.

Распространение. В северной части Берингова моря и в Чукотском круглогодично связан с дрейфующим льдом. В южной части Берингова моря держится в зоне шельфа над глубинами 100–150 м. В щенный период образует концентрации в районе о-ва Св. Матвея, а также к востоку от о-ва Прибылова. В период линьки смещается к северу до о-ва Св. Лаврентия. В Чукотском море держится в прибрежной части моря, в периоды линьки образует залежки на припайных льдах больших заливов и бухт. В Охотском море в период щенки лахтаки образуют залежки в северной части зал. Шелихова, а также у восточного побережья Сахалина. Летом широко распространен в прибрежной зоне, залежки образует на камнях и отмелях.

Питание. Питается преимущественно донными и придонными животными (крабы, креветки, моллюски, черви). Из рыб сравнительно редко поедается сайка, навага.

Размножение. Половая зрелость в 5–7 лет. Период размножения с середины марта до начала мая. Спаривание происходит практически в

тот же период. Беременность около 11 мес. Самки приносят одного щенка почти ежегодно, яловыми остаются до 25% животных. Молочное питание около месяца. Живет лахтак до 30 лет.

Численность и хозяйственное значение. Численность лахтака беринговоморской популяции свыше 64 тыс. голов. Его промысел имеет большое значение для прибрежного населения в качестве источника шкур, мяса, жира.

КРЫЛАТКА
(*PHOCA FASCIATA*), СЕМ. *PHOCIDAE*

Размеры. Тюлень средних размеров, длина тела взрослого животного 155–165 см, средний вес около 55 кг. Новорожденные 80–90 см. Самцы крупнее самок.

Форма тела. Тело стройное, удлиненное. Шея относительно длинная, шейный перехват хорошо заметен. Большие черные глаза. У самцов имеется хорошо развитый парный воздушный мешок, соединенный с трахеей.

Окраска. У животных старше года **на общем темном, почти черном фоне выделяются четыре широкие (5,5–15 см) лентовидные белые полосы вокруг шеи, основания каждого переднего плавника и поясницы**. У самок окраска менее контрастна. Новорожденные покрыты густым, чисто белым волосом, перелинявшие сеголетки темно-серые.

Поведение. **Залегание на льдинах приурочено к морской кромке льда и центральным областям ледовых массивов**. На лед выскакивает сильным

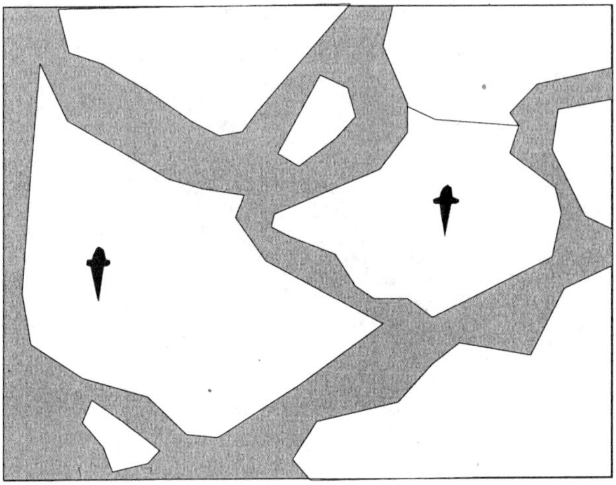

Залежка крылатки на льду

легким прыжком, не задевая льдины. На льдах, как правило, лежит поодиночке, головой к воде или боком, параллельно краю льда**. Лунок не делает.** По льду перемещается быстро, змеиными движениями**.** Ныряет только головой вниз совершенно бесшумно, без всплеска. Испуганный и быстро убегающий по льдине тюлень обязательно обернется на резкий свист и остановится. В неледовый период живет вдали от берегов. Очень редко обнаруживается на воде, так как выныривает, лишь слегка выставляя голову. Образ жизни в неледовый период неизвестен.

Распространение. Живет только в северной части Тихого океана. В основном пелагический вид. Распространение тесно связано со льдами. Щенятся крылатки исключительно на белых крупнобитых торосистых льдах, поэтому их распределение сильно зависит от ледовой обстановки. Вдоль западного побережья Берингова моря встречается севернее Камчатского залива в Беринговом проливе и в Чукотском море от Колючинской губы на западе до мыса Барроу на востоке. В восточной части Берингова моря – к северу от зал. Бристоль до Чукотского моря. В Охотском море образует щенные залежки к востоку от Сахалина и в северной части моря.

Питание. Изучено только в период обитания тюленей на льдах. Питается разнообразными пелагическими рыбами и беспозвоночными: шримсами, крабами, кальмарами.

Размножение. Половая зрелость у самок наступает к 2–3, у самцов 3–4 годам. Щенка с конца марта до начала мая. Спаривание вскоре после

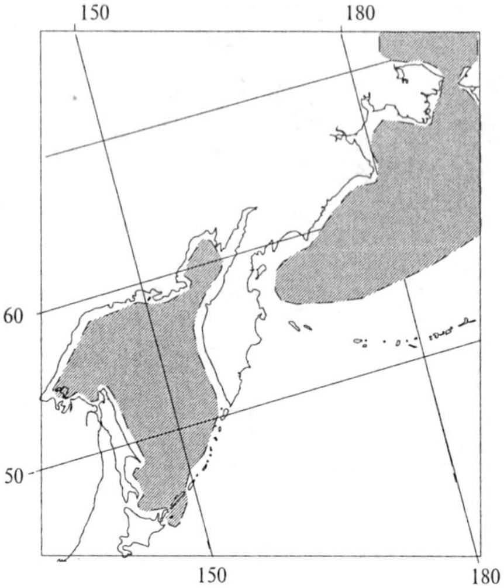

щенки, поэтому беременность длится около года. Рождается один детеныш. Молочное кормление продолжается 20–30 дней. Длительность жизни около 30 лет.

Численность и хозяйственное значение. Численность крылатки в Беринговом море оценивается в более чем 100 тыс. голов. В связи с пелагическим образом жизни хозяйственного значения в жизни прибрежного населения не имеет. Однако в промышленном зверобойном промысле ее удельный вес был велик (в Беринговом море до 80% всей добычи).

ЛАРГА
(*PHOCA VITULINA LARGHA*), СЕМ. *PHOCIDAE*

Размеры. Длина тела взрослого животного 160–180 см, вес 80–100 кг. Новорожденные около 1 м при весе 7–8 кг. Самцы немного крупнее самок.

Форма тела. Тело стройное, шея умеренно длинная, **морда вытянутая, по форме похожа на собачью**. При наблюдении сверху, с большого расстояния, форма тела сигарообразная, за редким исключением, лежит прямо, не изгибаясь.

Окраска. **Пестрая с темными различной величины и формы пятнами.** Общий фон окраски ларги сильно изменчив – от желтоватого, довольно светлого до темного, почти черного. Брюхо окрашено обычно светлее и имеет меньшее количество пятен. При наблюдении сверху окраска варьирует от светло-серого до темно-серого, пятнистость не видна. У нелинявших животных окраска темно-желтого или бурого цвета.

Поведение. **Пугливый и очень осторожный тюлень**. В ледовый период больших концентраций нет. В сезон размножения часты триады: самец,

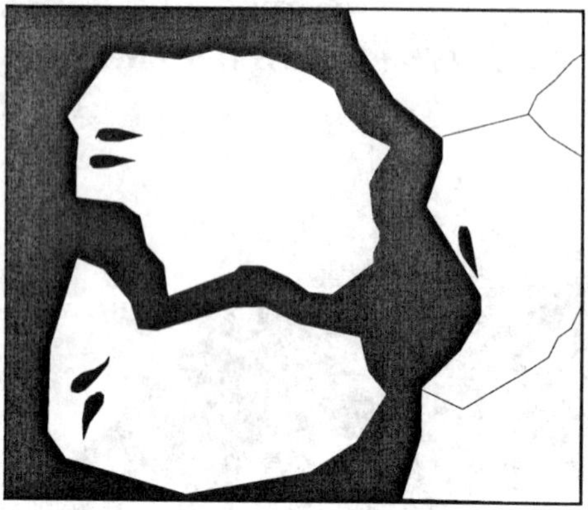

Залежка ларги на льду

самка и щенок. По льду передвигается прямо, не изгибаясь. **В неледовый период стадное животное, держится обычно вблизи устьев нерестовых рек**. Во время отлива образует кратковременные залежки на берегу. Осенью ларга способна формировать крупные береговые лежбища.

Распространение. В зоне континентального шельфа и прибрежья ларга распространена очень широко. В Беринговом море образует детные скопления в восточной части моря. В западной части моря основные районы скопления – Карагинский и Анадырский заливы. Встречается на прибрежных льдах восточного побережья Камчатки, Чукотки. В Чу-

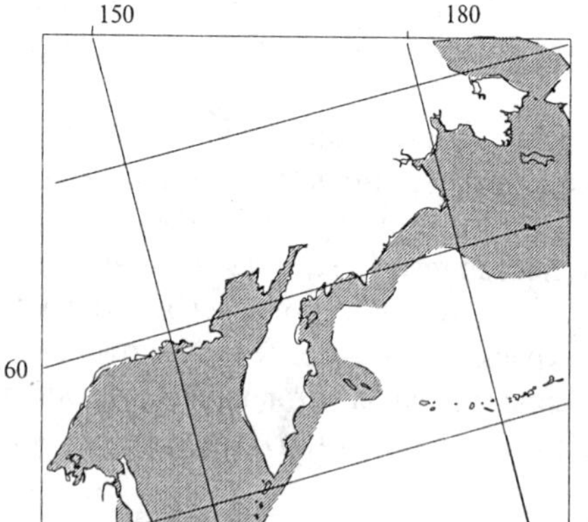

котском море держится на льдах вблизи берега. Распространение к западу ограничено Колючинской губой. В Охотском море щенные залежки расположены на крупнобитых белых льдах в северной части моря и у восточного Сахалина. В Японском море щенится на островах в зал. Петра Великого и в Татарском проливе. В летний период концентрируется вблизи устьев рек вдоль всего побережья дальневосточных морей. В конце лета и осенью на прибрежных отмелях и камнях ларга образует береговые лежбища.

Питание. Основу питания составляют образующие массовые скопления рыбы, среди которых преобладают лососевые, сельдь, навага, минтай. Беспозвоночные животные имеют второстепенное значение, причем их чаще поедают молодые животные.

Размножение. Сроки размножения: апрель–май. Спаривание происходит вслед за деторождением. Каждый год рождается один детеныш после 11 мес беременности. Для щенки самка выбирает крупную ровную или заторошенную чистую льдину. В период щенки и лактации располагается невдалеке от края льдины у разводий и промоин, ложась головой к воде одиночками или парами.

Численность и хозяйственное значение. В Беринговом море насчитывается около 107 тыс. ларг, в том числе в Карагинском, Озерновском и Камчатском заливах 55 тыс., в Анадырском заливе 52 тыс. В Чукотском море численность неизвестна. Несмотря на относительную многочисленность, ларга большого промыслового значения не имеет.

ОБЫКНОВЕННЫЙ ТЮЛЕНЬ, ОСТРОВНОЙ, АНТУР (*PHOCA VITULINA*), СЕМ. *PHOCIDAE*

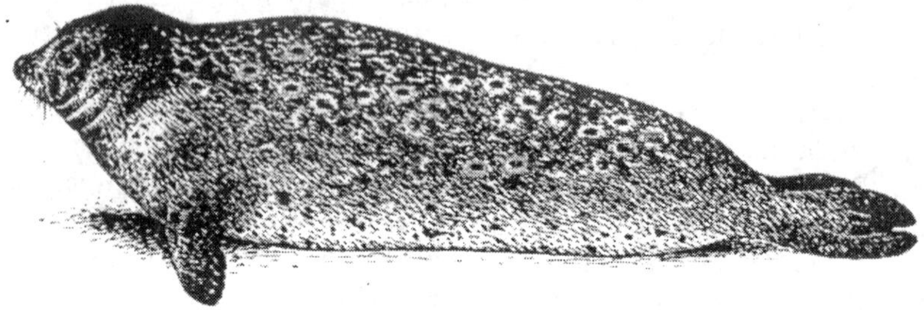

Размеры. Размер взрослого животного 140–204 см, вес 70–110 кг, новорожденного около 1 м при весе 7–8 кг. Самцы немного крупнее самок.

Форма тела. Тело стройное, каплевидное, шея длинная, **большая округлая голова, морда несколько вытянутая.**

Окраска. **Пестрая, с контрастными, светлыми различной величины и формы пятнами, кольцами или крапинами.** Общий фон сильно изменчив – от довольно светлого до темного, почти черного. Брюхо окрашено обычно светлее и имеет меньшее количество пятен. **Щенки рождаются пятнистыми.**

Поведение. Относительно оседлые животные, занимают небольшие участки, мало изменяющиеся по сезонам года. В воде обыкновенный тюлень держится обычно одиночно, но иногда образует группы от единиц до нескольких десятков. Любопытен, но осторожен. Когда быстро плывет у поверхности воды, может выпрыгивать из нее – дельфинировать.

Распространение. Япония, Курильские и Командорские острова, восточное побережье Камчатки, а также Алеутские острова и Прибылова, южная Аляска. Прибрежный вид, распространение ограничивается одномильной прибрежной полосой. Часто встречается в устьях рек, мо-

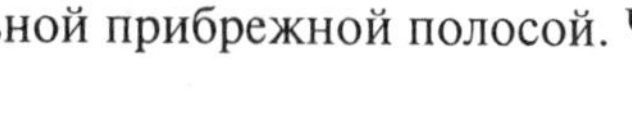

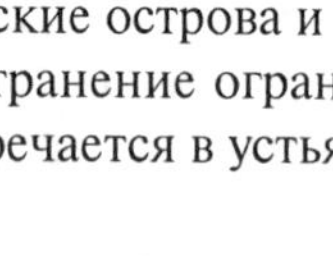

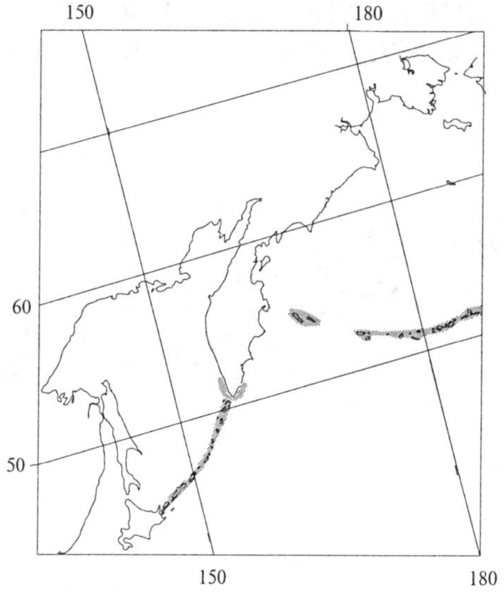

жет на несколько километров подниматься вверх по рекам. Для выхода на сушу использует прибрежные скалы, группы отдельных камней, рифы, песчано-галечные участки берега, низкие каменистые карнизы, прибрежные отмели.

Питание. Питается разнообразной пищей, имеющейся в районе обитания. В пищевом рационе наряду с рыбами относительно большую долю занимают беспозвоночные, головоногие моллюски, крабы, креветки.

Размножение. Половая зрелость наступает в 3–5 лет. Спаривание в июле–августе. Каждый год рождается один детеныш. **Деторождение в июле–августе** с пиком в июне после 10-месячной беременности. К самостоятельному образу жизни щенки переходят через 4–6 нед. Линька в августе–сентябре. В неволе живут более 30 лет.

Численность и хозяйственное значение. Численность неизвестна. Какого-либо хозяйственного значения не имеет. Отмечаются конфликты с рыбаками, из сетей которых часто вытаскивает рыбу.

АКИБА, ИЛИ КОЛЬЧАТАЯ НЕРПА (*PUSA PHISPIDA*), СЕМ. *PHOCIDAE*

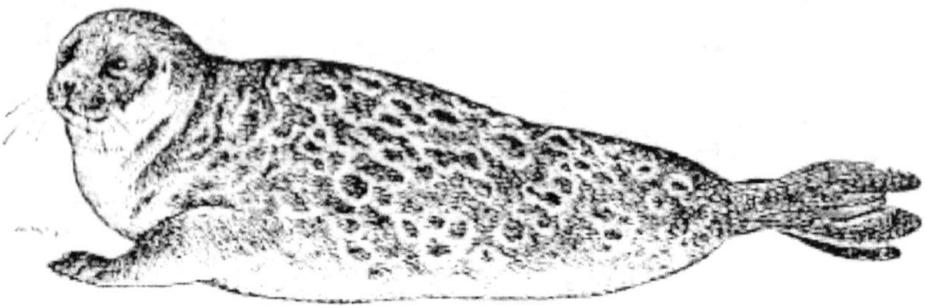

Размеры. **Один из самых мелких тюленей.** Длина тела в среднем 1,2 м при весе 40 кг. Длина новорожденного 0,6 м при весе 3,5–4 кг.

Форма тела. Относительно короткое и округлое тело. **Шея короткая, голова небольшая с короткой, похожей на кошачью мордой.**

Окраска. Окраска взрослых животных сильно изменчива**. Характерно большое количество светлых колец на спине и боках**. Спина темная, иногда почти черная, брюхо светлое, желтоватое. Самцы и самки окрашены одинаково. Новорожденный «белек» имеет густой белый волос, который сбрасывается примерно через 1 мес.

Поведение. Размножается на припайных и дрейфующих льдах**. Во льду делает лунки** или продухи, через которые может только дышать. На льдине лежит беспорядочно, на различном расстоянии от кромки, иногда в центре льдины, но всегда поблизости от промоины или лунки. **При опасности стремится уйти в лунку, даже если лежит на краю льдины. Перемещаясь по льду, акиба извивается, поочередно передвигая передние ласты.** На плаву часто держится столбиком, высоко выставляя голову из воды. Встречается поодиночке или небольшими группами. В период нагула в Чукотском море кормится в водах вблизи паковых льдов. Часть животных держится в прибрежной зоне.

Залежка акибы на льду

Распространение. Обитатель прибрежных и мелководных зон арктических и субарктических вод. Зимой живет оседло около проделанных во льду лунок. В глубоководных зонах акибы нет. Чукотское море населяет полностью. В Беринговом море обитает вдоль западного и восточного берегов. В Охотском море щенные залежки образует к востоку от Сахалина и в районах, прилегающих к северо-западному побережью.

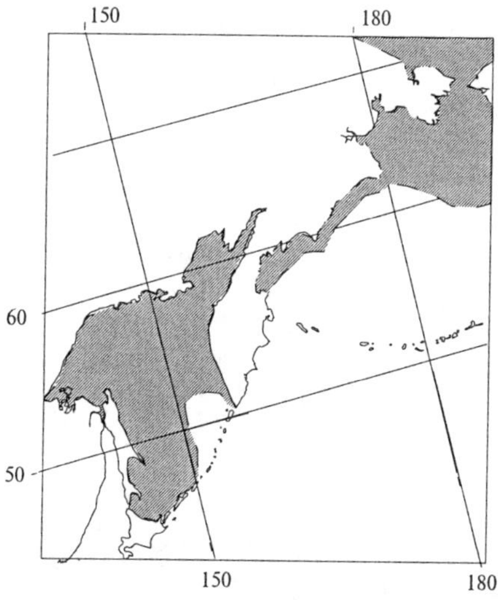

В Охотском море держится оседло, совершая небольшие кормовые миграции. В Беринговом и Чукотском море часть акиб держится в районе ледовой кромки и совершает сезонные миграции по мере ее смещения. Плотных залежек не образует.

Питание. Основу питания составляют рыбы и ракообразные, причем только те, которые образуют крупные скопления в верхних горизонтах моря. Весной в рационе в основном беспозвоночные. Из рыб в питании преобладает сайка.

Размножение. Половая зрелость наступает в 2–4 года. Щенка с конца марта до начала мая. Спаривание вскоре после щенки. Беременность 11 мес. Рождается один детеныш обычно в снеговой норе. Молочное кормление 20–30 дней. Ежегодная яловость самок колеблется от 20 до 40%. Продолжительность жизни до 40 лет.

Численность и хозяйственное значение. Это наиболее многочисленный вид настоящих тюленей Северного полушария. В 1979 г., на период последней оценки, численность акибы в Чукотском и Беринговом морях превысила 135 тыс. голов. Один из основных объектов зверобойного промысла. Продукция, получаемая при промысле, играет существенную роль в хозяйстве прибрежного населения северных морей.

КАЛАН, ИЛИ МОРСКАЯ ВЫДРА
(*ENHIDRA LUTRIS*), СЕМ. *MUSTELIDAE*

Размеры. Средний размер взрослых самцов 1,5 м, самок 1,2 м. Средний размер новорожденного 0,3 м.

Форма тела. **Наиболее крупный представитель семейства куньих, но самое маленькое морское млекопитающее. Имеет длинный плоский хвост и перепончатые задние лапы.** Выдвижные когти на передних лапах. Голова округлая, с треугольным носом, маленькими глазами и **хорошо заметными ушными раковинами. Густой плотный мех.**

Окраска. Тело от темно-коричневого до белого с более светлой головой. Голова и шея светлеют с возрастом, и старые животные становятся белыми.

Поведение. **Плавает обычно на спине с выставленными на воздух лапами,** но может плыть и на животе, поворачивается вокруг продольной оси

во время движения. Часто расчесывает мех и ухаживает за ним. **Ухаживает за мехом, отдыхает и кормит детеныша только на поверхности воды.** Для отдыха выходит на скалы или песчаные косы. Передние лапы использует для добычи пищи и ухаживания за мехом, но не для плавания. Формирует группировки по половому признаку. Сотни животных могут плавать сплоченно вместе во время отдыха. Ныряет неглубоко и ненадолго.

Распространение. Прибрежное мелководье Курильских и Командорских островов и прибрежные воды п-ва Камчатка.

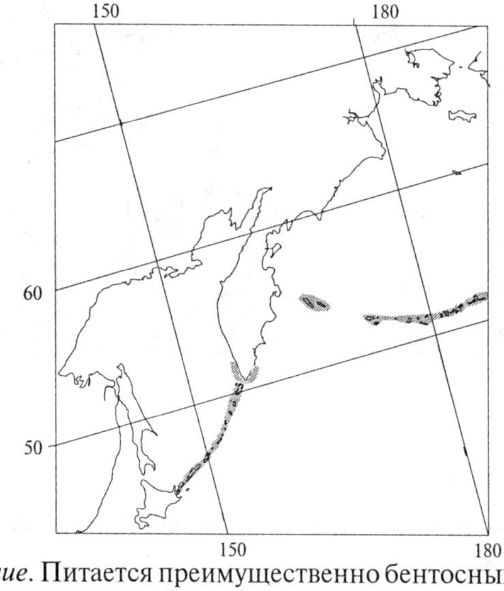

Питание. Питается преимущественно бентосными беспозвоночными: морские ежи, моллюски, крабы, рыбы. Способен оказывать сильное давление на кормовые запасы.

Размножение. Половая зрелость наступает в 3–6 лет. Пик спаривания в сентябре–октябре. Рождается один детеныш после 5–8-месячной беременности. Пик деторождения приходится на май. Деторождение происходит на берегу и в воде. Детеныш живет с матерью 5–12 мес.

Численность и хозяйственное значение. В российских водах обитает 8–8,5 тыс. каланов. Охраняемый вид, промысел запрещен по международному соглашению с 1911 г. В прошлом объект интенсивного промысла, приведшего к катастрофическому снижению численности.

ЗАКЛЮЧЕНИЕ

Подводя итог проделанной работе, следует подчеркнуть, что взаимоотношения человека и морских млекопитающих богаты многими драматическими событиями. История мирового зверобойного промысла дает много примеров почти полного исчезновения, точнее истребления, как китов, так и тюленей в отдельных районах Мирового океана. Китобойный промысел – это история почти полного истребления многих популяций этих животных. К настоящему времени почти все виды крупных китов находятся под охраной международных соглашений. Мы думаем, что эта книга позволит всем, кто работает в море или около него, распознавать морских млекопитающих, пополнить знания об их жизни и приобрести союзников в их исследованиях и охране. Мы надеемся, что это у нас получилось и проделанная работа послужит не только познавательным и образовательным целям, но и науке о морских млекопитающих.

Авторы рисунков внешнего вида кита:

Гренландский (полярный) кит	– А.М. Николюк
Южный (японский)	– А.М. Николюк
Голубой кит (блювал)	– А.М. Николюк
Финвал	– А.М. Николюк
Сейвал	– А.М. Николюк
Горбач	– А.М. Николюк
Серый кит	– А.М. Николюк
Кашалот	– А.М. Николюк
Северный плавун	– А.М. Николюк
Клюворыл	– В.В. Мельников
Командорский ремнезуб	– А.М. Николюк
Белуха	– адаптировано после Nishiwaki (1965).
Нарвал	– адаптировано после M. Camm (1995).
Касатка	– адаптировано после Nishiwaki (1965).
Тихоокеанский белобокий дельфин	– адаптировано после Nishiwaki (1965).
Серый дельфин	– адаптировано после Nishiwaki (1965).
Афалина	– адаптировано после M. Camm (1995).
Белобочка	– адаптировано после Nishiwaki (1965).
Полосатый продельфин	– адаптировано после Nishiwaki (1965).

Тихоокеанская гринда	– адаптировано после Nishiwaki (1965).
Северный китовидный дельфин	– адаптировано после Nishiwaki (1965).
Морская свинья	– адаптировано после Nishiwaki (1965).
Белокрылая морская свинья	– адаптировано после Nishiwaki (1965).
Сивуч	– Nishiwaki (1965)
Северный морской котик	– Nishiwaki (1965)
Лахтак	– А.М. Николюк
Крылатка	– А.М. Николюк
Ларга	– А.М. Николюк
Обыкновенный тюлень	– адаптировано после Nishiwaki (1965).
Акиба	– адаптировано после Nishiwaki (1965).
Калан	– А.М. Николюк

ЛИТЕРАТУРА

Артюхин Ю.Б., Бурканов В.Н. Морские птицы и млекопитающие Дальнего Востока. М.: Изд-во АСТ, 1999. 223 с.

Атлас морских млекопитающих / Ред. В.А. Земский М.: Пищевая пром-сть, 1980. 183 с.

Берзин А.А., Владимиров В.Л. Наставление для определения китов Тихого океана по внешним признакам и поведению. Владивосток: ТИНРО, 1982. 18 с.

Млекопитающие Советского Союза. Ластоногие и зубатые киты / Ред. В.Г. Гептнер, М.: Выс. школа, 1976. 718 с.

Наставление для зверобойного промысла. Владивосток: ТИНРО, 1985. 117 с.

Соколов В.Е., Арсеньев В.А. Млекопитающие России и сопредельных регионов. Усатые киты. М.: Наука, 1994. 208 с.

Тихомиров Э.А. Определение видов дальневосточных ластоногих с самолета // Изв. ТИНРО. 1966. Т. 58. С.163–172.

Томилин А.Г. Определитель китообразных по поведению и внешним признакам. М.: Изд-во МОИП, 1951. 88 с.

Томилин А.Г. Звери СССР и прилежащих стран. Т. 9. Китообразные. М.: Изд-во АН СССР, 1957. 756 с.

Томилин А.Г. Китообразные фауны морей СССР. Определитель по фауне СССР. М.: Изд-во АН СССР, 1962. 212 с

Carwardine M., Camm M. (illustrated). Whales, dolphins and porpoises. The visual guide to all the world's cetaceans. DK publishing, INC. N. Y., 1995. 256 p.

Evans W.E., Rice D.W. The whales6 dolphins and porpoises of the Eastern North Pacific a guide to their identification. San Diego, California, 1972. 175 p.

Nishiwaki M. Distribution and migration of marine mammals in the North Pacific area // Bull. Ocean. Res. Inst. Univ. Tokyo. 1967. No. 1. P. 1–65.

Winne K. Guide to marine Mammals of Alaska. Fairbenks,1992. 75 p.

Владимир Васильевич Мельников

**ПОЛЕВОЙ ОПРЕДЕЛИТЕЛЬ
ВИДОВ МОРСКИХ МЛЕКОПИТАЮЩИХ
ДЛЯ ТИХООКЕАНСКИХ ВОД РОССИИ**

НАУЧНОЕ ИЗДАНИЕ

Редактор *Л.А. Русова*
Художник *Г.П. Писарева*
Технический редактор *М.А. Холотова*
Оператор набора *Т.Ю. Логунова*
Оператор верстки *Т.Ф. Макарова*
На обложке фото *Г.М. Зеленского*

Изд. лиц. ИД № 05497 от 01.08.2001 г. Подписано к печати 22.06.2001 г.
Гарнитура «Ньютон». Бумага офсетная. Формат 60x90/16. Печать офсетная.
Усл. п. л. 6,88. Уч.-изд. л. 5,3. Тираж 1000 экз. Заказ 140
Отпечатано в типографии издательства «Дальнаука» ДВО РАН
690041, г. Владивосток, ул. Радио, 7